Founders´ Stories

Founders´
Stories

Scheitern als Geschäftsmodell

Herausgeber: Axel Täubert

Haufe Group
Freiburg · München · Stuttgart

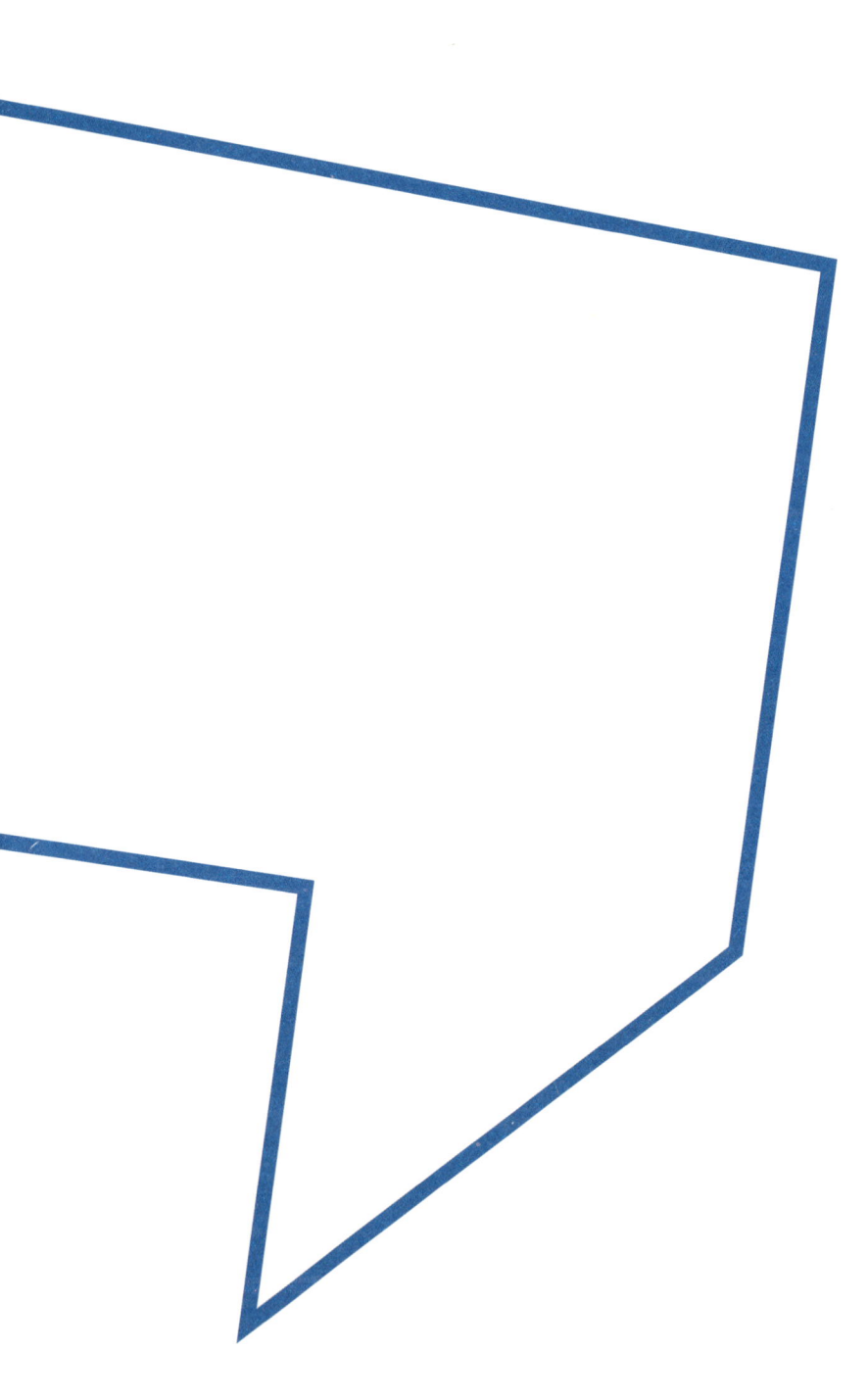

Inhalt

Grußwort
Verena Pausder

Liebe Leserin, lieber Leser,

wenn man in Deutschland aufwächst, hört man oft, »das haben wir schon immer so gemacht«. Die Welt ist, wie sie ist, das muss man so annehmen. Sei realistisch, heißt es dann. Such dir einen sicheren Job, rag nicht zu weit aus der Gruppe heraus, denn Ausschläge nach unten und oben mögen wir in Deutschland nicht so gern. Spar bloß genug Geld, aber investier es bitte nicht in Aktien, geh nicht zu sehr ins Risiko, das rächt sich nur, und sei nicht zu übermütig – das tut selten gut.

Ich denke anders. Diese Grenzen sind mir zu starr, das Korsett ist mir zu eng. Dass wir gesellschaftlich unsinnige Konventionen nicht annehmen müssen und wie schädlich sie sein können, das hat uns zwar schon Heinrich Böll in den ›Ansichten eines Clowns‹ vor Augen geführt – aber das müssen wir in Deutschland trotzdem immer wieder neu lernen.

Beim Startup-Verband sind wir überzeugt: Deutschland hat die perfekten Zutaten, um erfolgreich zu sein: ein großes Potenzial an innovativen Ideen, talentierte Unternehmerinnen und Unternehmer – dazu kommen eine international herausragende Forschungslandschaft und eine starke industrielle Basis.

Und die wichtigste Sache dabei, die magische Zutat: Menschen, die den Status quo herausfordern. Rebellen, Visionärinnen, Pioniere und Idealistinnen, die Grenzen sprengen, neue Wege beschreiten und Unmögliches möglich machen, um Innovationen Realität werden zu lassen und die Menschheit weiterzubringen. Immer wieder waren es visionäre Gründerinnen und Gründer, die die Fackel des Fortschritts entzündet und weitergereicht haben.

Das kann jede und jeder sein. Steve Jobs hat das sehr treffend formuliert: »Das Leben kann viel umfassender sein, wenn du eine einfache Tatsache entdeckst, nämlich dass alles, was du Leben nennst, von Menschen erfunden wurde, die nicht klüger waren als du. Es geht darum, die irrige Vorstellung abzuschütteln, dass das Leben einfach da ist und man nur darin lebt, anstatt es anzunehmen, zu verändern, zu verbessern, ihm seinen Stempel aufzudrücken.«

Also: Du willst ein selbstbestimmtes Leben führen, die Kultur deiner Arbeit prägen, Althergebrachtes umwerfen und Grenzen verschieben? Das alles geht im Großkonzern nur bedingt. Deswegen war es immer mein Traum zu gründen.

Was mich daran so fasziniert? Du sitzt auf dem Fahrersitz, hältst das Lenkrad in der Hand und startest den Motor des Fortschritts, ohne um Erlaubnis bitten zu müssen. Jeder Tag birgt die Möglichkeit, etwas Neues zu erschaffen, etwas, das es zuvor noch nicht gab – einen Zweck zu erfüllen, der größer ist als du selbst. Und in diesem Prozess des Kreierens und Wachsens, in dem du über dich hinauswächst, entdeckst du eine Freiheit, die keine Grenzen kennt. Es gibt weder Routinen noch feste Strukturen – nur das weiße Blatt, das darauf wartet, mit Leben gefüllt zu werden.

Ja, das kann auch süchtig machen – es ist ein wilder Ritt, der dich himmelhochjauchzend und zu Tode betrübt sein lässt. Aber trotz aller Höhen und Tiefen treibt einen die Leidenschaft an, immer wieder aufzubrechen und neue Horizonte zu erkunden.

Gründerinnen und Gründer faszinieren mich mit ihrem klaren Optimismus, sich nicht mit der Realität abzufinden, sondern sie konstruktiv zu verändern. Sie sehen in jedem Hindernis eine Chance, in jedem Rückschlag eine Möglichkeit zu wachsen und in jedem Problem eine Herausforderung, die passende Lösung zu finden.

In einer Welt, die von ökologischen Problemen, Ungerechtigkeit und Gesundheitskrisen geprägt ist, lehnen sie sich nicht zurück. Sie treiben Deutschland in der digitalen Transformation voran, liefern konkrete Lösungen für ein nachhaltiges Leben und steigern die internationale Wettbewerbsfähigkeit unseres Landes. Made in Germany war geprägt von Erfindergeist, technischer Innovation und Gründlichkeit. Doch all das verliert zunehmend an Kraft. Deswegen brauchen wir den Start-up-Spirit heute mehr denn je.

Und genau diesen Spirit strahlt dieses Buch aus – es ist voll inspirierender Geschichten, die uns zeigen, worauf es während der Founder's Journey ankommt. Denn auch Steve Jobs, Bill Gates, Else Kröner oder Özlem Türeci und Uğur Şahin – die unsere Welt mit ihrem Unternehmergeist positiv verändert haben – haben mal klein angefangen.

Alle kennen den Moment, in dem man sich fragt: Wenn ich auf diese Idee komme, kann sich das nicht jeder ausdenken? Ist das gut genug, um erfolgreich zu werden?

Deshalb braucht es Geschichten wie in diesem Buch. Die uns Erfahrungen von Gründerinnen und Gründern näherbringen, die den Mut haben, ihren Träumen zu folgen und ihre Ideen das Licht der Welt erblicken zu lassen. Das sind oft Achterbahnfahrten mit Höhen und Tiefen, Erfolgen und Rückschlägen – und doch sind es genau diese Erfahrungen, die uns prägen und die uns zeigen, dass Scheitern nicht das Gegenteil von Erfolg ist, sondern ein wesentlicher Bestandteil davon.

Lasst euch von den folgenden Founders' Stories inspirieren, von ihrer Leidenschaft anstecken und findet selbst den Mut, eure Träume zu verwirklichen. Denn in einer Welt voller Möglichkeiten und Chancen liegt es an uns, den Wandel zu gestalten und unsere Zukunft zu formen.

Auf eine Reise voller Entdeckungen, Erkenntnisse und vor allem: auf eine Reise voller Liebe zum Gründen!

Viel Freude beim Lesen,

Verena Pausder
Vorstandsvorsitzende des Bundesverbandes Deutsche Startups e. V.

Vorwort

First Streamer ever

Ich stamme aus einem Haushalt, in dem das Familienunternehmen am Esstisch häufig Gesprächsthema war. Zwar war es kein *Start-up*[1] und mein Vater hatte das Unternehmen auch nicht selbst gegründet, sondern von meinem Großvater übernommen, trotzdem war es etwas Eigenes, für das er Tag und Nacht geschuftet hat.

Leistungsbereitschaft und unternehmerisches Denken wurden mir sozusagen in die Wiege gelegt und danach täglich vorgelebt.

---

1 Wörter in kursiver Schrift werden im Glossar erklärt.

Als Kind habe ich sogar ›Büro‹ gespielt und Stunden an einem kleinen Schreibtisch mit Locher und Schreibmaschine verbracht.

Zwar war mein erstes Business nicht hundertprozentig legal, aber diese Jugendsünde ist mittlerweile verjährt.

Nachdem wir das Unternehmen in meiner Jugend wegen sich eintrübender Geschäftsaussichten in der gesamten Branche abwickeln mussten, war ich traurig und erleichtert zugleich. Ich hatte ja miterlebt, wie hart mein Vater gearbeitet und wie sehr ihm der Druck zugesetzt hatte. Die Verantwortung für die Mitarbeitenden und deren Familien wog schwer. Womöglich habe ich mich auch deshalb zunächst gegen das Gründen eines eigenen Unternehmens entschieden – obwohl ich bereits im Alter von 14 Jahren zusammen mit einem Kindergartenfreund mein erstes Business aufgezogen habe.

Zwar war es nicht hundertprozentig legal, aber diese Jugendsünde ist mittlerweile längst verjährt, sodass ich hier davon erzählen kann. Wir haben damals in relativ großem Stil Raubkopien von Computerspielen auf Disketten verkauft. Das war zu einer Zeit, in der die Polizei das noch überhaupt nicht gecheckt hat. Wir hatten ein Logo, eine Kundendatei und teilten Aufgaben wie das Sourcing, die Produktion und den Vertrieb unter uns auf. Und wir machten sogar Werbung. Zum einen verteilten wir Visitenkarten an Kinder in den Computerspielabteilungen von Karstadt und Kaufhof – mit den Festnetznummern unserer Eltern darauf. Zum anderen brachten wir Videokassetten in den Umlauf, ähnlich wie die Streetball-Tapes von ›AND1‹ in den 1990er-Jahren. Ich glaube sogar behaupten zu dürfen, dass wir so was wie die ersten Gaming-Streamer der Welt waren. Aus einer Not heraus, die bekanntlich erfinderisch macht. Denn wir bekamen die Spiele über einen Mittelsmann direkt aus den USA – und zwar noch bevor sie in den einschlägigen Computerzeitschriften in Deutschland getestet, geschweige denn im Handel zum Verkauf angeboten wurden. Das war Fluch und Segen zugleich. Denn alle wussten zwar, dass es den neuesten Shit nur bei uns gab. Aber keiner kannte die Spiele und ungesehen wollte sie niemand kaufen. Also haben wir die Games gezockt und dabei den Monitor abgefilmt, um davon VHS-Kassetten zur Promotion auf dem Pausenhof zu verteilen. Das Ganze lief ein bisschen wie in der Serie ›Mixed by Eric‹. Nur dass wir am Ende nicht in den Bau gewandert sind.

Ich möchte hier ausdrücklich niemanden dazu animieren, illegale Geschäfte zu betreiben. Mir geht es darum zu zeigen, dass Unternehmertum durchaus vor einem Berufsabschluss möglich ist. Das Anliegen dieses Buches ist es nämlich, gerade junge Menschen dazu zu ermutigen, ihr Schicksal in die eigene Hand zu nehmen. Denn es ist nie zu früh für eine gute Idee.

Ein *Start-up* oder ein anderes Unternehmen zu gründen ist letztlich Ausdruck eines gewissen Zukunftsvertrauens einer Gesellschaft. Gründende sind sozusagen die Hefe im Teig einer Volkswirtschaft – sie schaffen Wohlstand und Arbeitsplätze. Von ihnen braucht Deutschland mehr, denn die Zahl der Neugründungen ist rückläufig. Auch 2023 wurden bundesweit knapp fünf Prozent weniger Start-ups als im Jahr zuvor gegründet.[2]

Es ist nie zu früh für eine gute Idee.

Obwohl ich mich nach meiner Ausbildung für eine Konzernkarriere entschied, war ich doch stets nebenher (legal) unternehmerisch tätig. Zunächst in Form eines international agierenden Modelabels

---

2   »Next Generation«, Bundesverband Deutsche Startups e.V., 2023.

zusammen mit dem weltweit bekannten Graffiti-Künstler Mirko Reisser aka DAIM. Beim zweiten Mal mit der – aus einer Bierlaune heraus entstandenen – Firma AlpineAir, die frische Bergluft in Dosen nach China exportierte. Beide mit denkbar unterschiedlichem Erfolg.

Über das Arbeiten in Gruppen und komplementäre Teamstrukturen habe ich viel in meiner Zeit als aktiver Rapper gelernt. Ich war damals zwar der mit Abstand organisierteste, aber bei Weitem nicht der beste Rapper unserer Band. Daher kümmerte ich mich vorwiegend um Dinge wie das Booking und die Probe- und Studiotermine, statt um die Beats und Texte. Das übernahmen die musikalischeren und wortgewandteren Jungs und so ergänzten wir uns gegenseitig ideal. Hätten wir alle dieselben Skills – den Fachbegriff hat definitiv irgendein Businesskasper von der Hip-Hop-Szene abgekupfert – gehabt, wären unsere Touren zwar perfekt organisiert, aber die Auftritte lame gewesen.

Scheitern ist Teil des Geschäftsmodells von Start-ups und VCs.

Heute helfe ich *Start-ups* hauptberuflich mit der Bereitstellung von Cloud-Lösungen, investiere als *Business Angel* und engagiere mich darüber hinaus bei der Initiative ›Jugend gründet‹ des Bundesministeriums für Bildung und Forschung (BMBF). Im Rahmen all dieser Tätigkeiten habe ich oft genug *Start-ups* pleitegehen sehen und miterlebt, wie Gründende an sich zweifeln. Diesen versuche ich stets zu vermitteln, dass Scheitern Teil des Geschäftsmodells ist.

Genau davon können die folgenden zehn Gründerinnen und Gründer ihre eigene ganz persönliche Geschichte erzählen. Deswegen genug der Vorrede und viel Spaß mit ihren Founders' Stories.

Axel Täubert

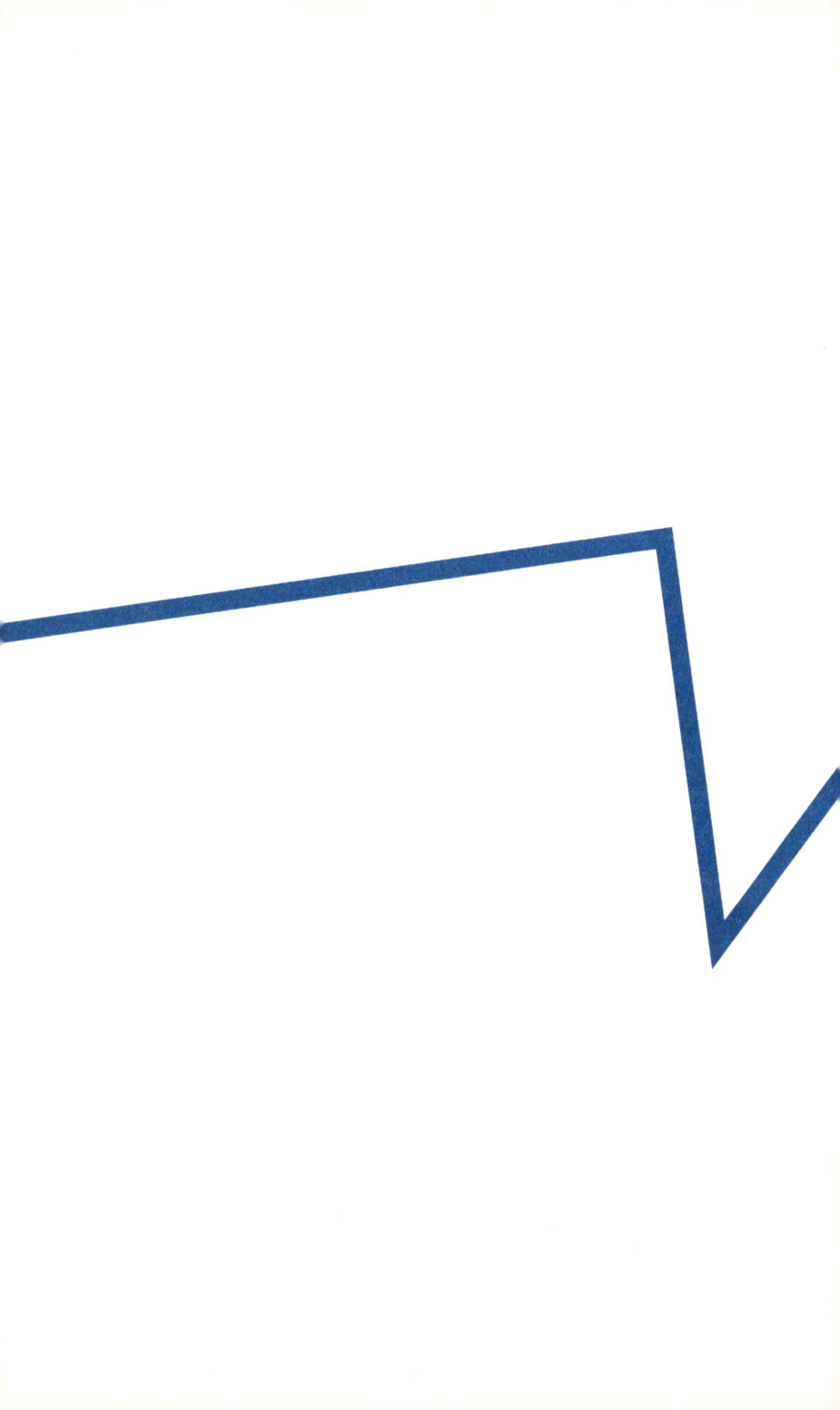

simpleclub

Educate the World

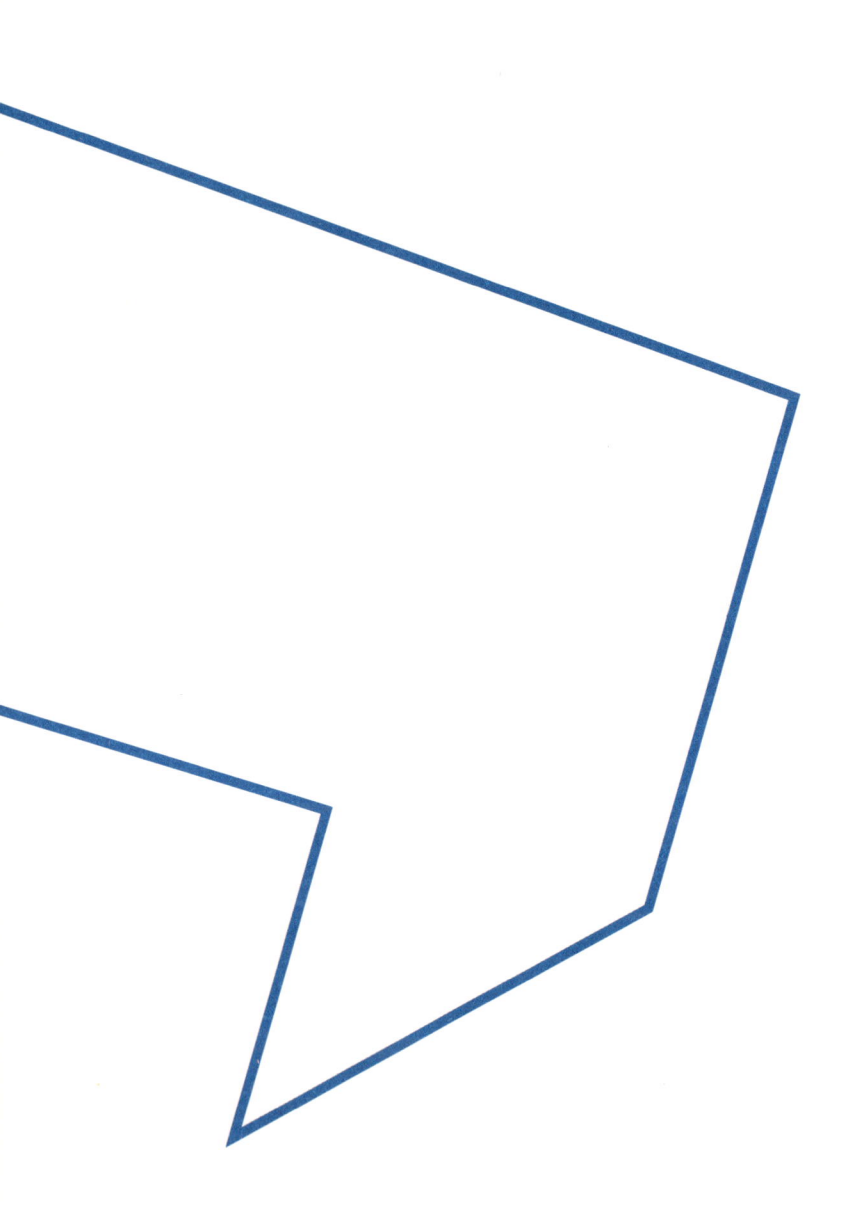

Die Firma simpleclub ist ein von Nicolai Schork und Alexander Giesecke im Jahre 2015 gegründetes *EdTech Start-up*. Beide dürfen sich Mitglieder der Forbes 30 Under 30 sowie der jungen Elite 40 Under 40 des Capital Magazins nennen. Das *Businessmodell* besteht aus einer *B2C*-App für Schüler sowie einem *B2B*-Angebot für ausbildende Unternehmen. Mittlerweile nutzen mehr als zwei Millionen Lernende die App. Nach der *Series-A* in Höhe von sieben Millionen Euro in 2022 und einer weiteren Angel-Runde in 2023 ist das *Start-up* derzeit mit einem mehrstelligen Millionenbetrag bewertet. In Zukunft werden zusätzliche Ausbildungsberufe hinzukommen und die User mit einem AI-Tutor beim Lernen unterstützt.

Folgende Learnings sind meiner Ansicht nach die wichtigsten aus der Geschichte von Nico und Alex:

Dos:

- Sorgsame Wahl der *Co-Founder* und Gesellschafter
- *Business Angels* mit relevantem Netzwerk und Know-how
- Strukturierung des Tages für effizientes Arbeiten
- Erfahrung an jüngere Gründende weitergeben

Don'ts:

- Zu lange an falschen Entscheidungen festhalten
- Mangel an Fokus und zu viele Dinge auf einmal machen
- Hobbys, Sport und Freundeskreis komplett vernachlässigen
- Loslegen, ohne den *Product-Market-Fit* zu testen

Nico Schork & Alex Giesecke

STECKBRIEF

Name: NICOLAI SCHORK

Geburtsdatum: 13.09.1994

Geburtsort: Eberbach (Baden-Württemberg)

Ausbildung: Bachelor of Science (Medieninformatik)

Ursprünglicher Berufswunsch: Lehrer

Erste Gründung im Alter von: 17

Fun Fact: Ich fahre als Hobby Extreme-Enduro, quasi mit dem Motorrad über Wege, wo andere nicht einmal wandern würden.

Beruf Vater: Öffentliche Verwaltung

Beruf Mutter: Bankkauffrau

Vorbilder: Steve Jobs – schau dir seine Stanford-Rede auf YouTube an!

Bester Tipp, den ich je bekommen habe: Bau dir ein Netzwerk auf!

Mein persönlicher Myth Buster: »Du kannst nicht während der Schule oder der Uni gründen.« – Doch, kannst du!

Buch, das man gelesen haben muss: ›The 7 Habits of Highly Effective People‹ von Stephen R. Covey

Name: **ALEXANDER GIESECKE**

Geburtsdatum: 31.03.1995

Geburtsort: Mosbach (Baden-Württemberg)

Ausbildung: Bachelor of Science (Maschinenbau)

Ursprünglicher Berufswunsch: Ingenieur

Erste Gründung im Alter von: 17

Fun Fact: Habe mit drei angefangen, Klavier zu spielen, und wäre fast Pianist geworden.

Beruf Vater: Diplom-Musiker

Beruf Mutter: Diplom-Musikerin und Dozentin an der PH Heidelberg

Vorbilder: Viele, aber nie für alle Eigenschaften (z. B. Elon Musk für seine visionäre Art, aber nicht für seinen Führungsstil)

Bester Tipp, den ich je bekommen habe: Fokus!

Mein persönlicher Myth Buster: »Multitasking ist gut.« – Blödsinn! Viele erfolgreiche Menschen haben gemeinsam, dass sie sich auf eine Sache fokussieren können und Dinge nacheinander abarbeiten, nicht gleichzeitig.

Buch, das man gelesen haben muss: ›The 7 Habits of Highly Effective People‹ von Stephen R. Covey (die Bibel für uns beide)

Alex' & Nicos
Founders' Story

Ohne Origami gäbe es simpleclub heute nicht. Dabei können wir nicht mal einen ordentlichen Papierflieger falten, dafür aber – zumindest in der Theorie – den Winkel jedes einzelnen Falzes berechnen. Um zu verstehen, wie beides dazu geführt hat, dass wir heute Gründer sind, müssen wir ein wenig ausholen. Unsere Geschichte begann weder in einer Garage im Valley, noch waren wir Nerds an einer Eliteuni in Boston. Wir waren zwei 16-jährige Typen aus einem Kaff nahe Heidelberg, die »etwas im Internet starten« wollten.

Scheitern ist nicht das Gegenteil von Erfolg, sondern ein Teil davon.

Inspiriert von dem Film ›The Social Network‹ bastelten wir fast ein Jahr an einem sozialen Netzwerk herum, in dem man Freunde besser in Gruppen und nach Themenbereichen organisieren konnte. Wir nannten das Prinzip ›Stacks‹ und waren uns sicher: Das wird das nächste große Ding. Vic Gundotra von Google allerdings auch. Denn kurz vor unserem Launch in 2011 kündigte er Google+ an, ein Netzwerk mit ganz ähnlichem Konzept namens ›Circles‹. Im Nachhinein das Beste, was uns passieren konnte. Denn selbst der Suchmaschinengigant mit nahezu unendlichen Ressourcen musste das Projekt ein paar Jahre später aufgrund enttäuschender Nutzerzahlen einstellen. Trotzdem ist es ein Bilderbuchbeispiel dafür, dass Scheitern nicht das Gegenteil von Erfolg ist, sondern ein Teil davon. Denn einzelne Funktionen des Netzwerks leben bis zum heutigen Tag in anderen Google-Produkten wie Photos und Meets weiter.

Für uns war die Ankündigung von Google+ zunächst jedoch ein herber Schlag. Wir hatten das Äquivalent der Arschkarte bei Monopoly gezogen: »Gehe nicht über Los, ziehe kein Geld ein.« Der Traum vom *Exit* wie der von Facebook in ›The Social Network‹ war geplatzt. Wir hatten das Spiel verloren, ohne auch nur einmal die Würfel in die Hand genommen zu haben. Notgedrungen stampften wir unsere Plattform ein und starteten wieder bei null. Doch das Ganze war zugleich ein wichtiges Learning. Wir hatten – wenn auch auf die harte Tour – gelernt, dass sich monatelang einzusperren und irgendein Produkt zu entwickeln nicht zum Erfolg führt. Von *Product-Market-Fit* hatten wir zuvor nie etwas gehört. Oder wie es Nelson Mandela auf den Punkt gebracht hat:

»I never lose. I either win or learn.«

Nelson Mandela

Doch Learning by Doing kann echt frustrierend sein. In unserer Gegend gab es leider keine Gründenden, von deren Erfahrungen wir hätten profitieren können. Uns fehlten schlicht die Vorbilder in der Familie oder im näheren Umfeld. Unsere Eltern arbeiteten als Musiker, in der Gemeindeverwaltung und als Angestellte in der Bank. Da stand Unternehmertum nicht gerade weit oben auf der Themenliste beim Abendessen. Sogar nachdem wir simpleclub gegründet hatten, hat es Jahre gedauert, bis wir uns als Unternehmer bezeichnet haben. Das ist übrigens einer der Gründe, warum wir uns heute bei ›STARTUP TEENS‹ engagieren. Aber dazu später mehr, denn zum damaligen Zeitpunkt waren wir ja selbst noch Teenager und konzentrierten uns erst einmal aufs Abi.

Sechs Monate nach unserem Monopoly-Moment hörten wir, dass die Bekannte einer Bekannten auf YouTube angeblich Tausende von Euro mit Origami-Faltvideos verdiente. Vorher wussten wir gar nicht, dass man auf der Plattform überhaupt Geld verdienen konnte. Weil viele Mitschüler während der Oberstufe Probleme mit Mathe hatten, suchten wir dort spaßeshalber nach passenden Lernvideos. Zu unserer Überraschung fanden wir tatsächlich ein paar Ergebnisse, die didaktisch in etwa so spannend waren wie das Telekolleg und die aussahen, als wären sie mit einer Kartoffel gefilmt. Bis dato gab es auf YouTube hauptsächlich Erklärvideos von Lehrkräften in Cordjacketts, die an der Tafel standen und maximal einschläfernd erklärten. Und dann kam eins zum anderen. In Mathe kannten wir uns aus und das Nutzerproblem konnten wir jeden Tag im Unterricht beobachten. So entstand 2012 der Vorsatz: »Wir machen jetzt die coolsten Mathevideos Deutschlands.«

Unser Studium war so gut wie durchfinanziert. Mit dieser Motivation starteten wir den Kanal TheSimpleMaths und produzierten jede Woche professionelle Videos. Zu zweit artete das richtig in Arbeit aus. Ein halbes Jahr später kam die erste Abrechnung von YouTube über 10 Dollar – kein Scheiß! Und die bekam man nicht einmal ausgezahlt, bevor man nicht mindestens 70 Dollar erreicht hatte. Bei der damaligen *Runrate* also in dreieinhalb Jahren! Auf den *Monthly-Recurring-Revenue (MRR)* hätte man nicht einen Cent *raisen* können. Origami war anscheinend gefragter als Mathe und wir bewegten uns nicht mal im Bereich Taschengeld, geschweige denn BAföG. Was den kommerziellen Erfolg betraf, hatten wir schlicht unterschätzt, wie viel Reichweite man aufbauen musste, damit sich der Aufwand lohnt. Auch wenn das Feedback und die Kommentare durchweg positiv waren. Dort standen Dinge wie: »Dank euch verstehe ich endlich Mathe!«, »Wegen eurer Videos hab ich ne 1 geschrieben. Jetzt kann ich meinen Traum erreichen und Medizin studieren.« Oder sogar: »Hey Jungs, ich bin blind und höre mir eure Videos an. Das hilft mir extrem beim Mathelernen, danke, dass es euch gibt.«

So was als Jugendlicher zu lesen ist krass. Uns wurde bewusst, dass wir zum ersten Mal im Leben etwas Sinnstiftendes taten. Allerdings verdienten wir keine Kohle und waren kurz davor, alles hinzuschmeißen. Aber aufgrund der Rückmeldungen sagten wir uns: Fuck it! Wir müssen das einfach weitermachen. Intuitiv taten wir genau das, was Larry Page bei Google stets propagierte:

>»Focus on the user and all else will follow.« *Larry Page*

Ganz offensichtlich lösten wir ein Problem unserer User und das würde sich irgendwann auszahlen. Trotzdem mussten wir dringend das *Businessmodell* ändern.

Darum läuteten wir 2015 eine horizontale Diversifizierung ein, indem wir weitere Fächer abdeckten und für jedes von ihnen einen separaten Channel aufsetzten. Dementsprechend wurde aus der alten Marke, die uns auf Mathe beschränkte, die neue Brand TheSimpleClub. Dafür meldeten wir das erste Mal eine GmbH an. Den Termin beim Notar werden wir nie vergessen – und zwar nicht nur, weil es die teuerste Vorlesestunde unseres Lebens war. Mit dem Gesellschaftervertrag in den Händen traten wir vor die Tür und kamen uns vor, als hätten wir ein zweites Mal Abi gemacht. Uns stand die gesamte Welt offen, die nur darauf wartete, von uns zum Besseren verändert zu werden. Denn wir waren überzeugt davon, dass unsere Videos Bildung universell zugänglich und damit ein Stückchen gerechter machen würden. Schließlich waren sie ja auch für Kinder verfügbar, deren Eltern sich keine Nachhilfe leisten oder ihren Kindern selbst nicht helfen konnten.

Was aus einem Nebenprojekt in der Schule entstanden war, wurde während der Uni zunehmend zu einem Fulltime-Job. Unsere Freunde und Eltern waren extrem skeptisch und rieten uns andauernd, uns aufs Studium zu konzentrieren. Doch immer mehr Kommentare unter den Videos wie »Warum können Lehrer das nicht so erklären?« oder »Ihr habt mir den Arsch gerettet!« motivierten uns, Vollgas zu geben. Um parallel weiterstudieren zu können, wechselte Nico sogar von einem eher verschulten dualen Studium bei SAP an die Universität, um sein Lernpensum besser einteilen zu können.

Und damit sind wir bei einem Grundproblem des deutschen Schulsystems, das alle dazu verdonnert, denselben Stoff in derselben Zeit zu lernen. Videos hingegen kann man jederzeit anhalten, zurückspulen, langsamer oder auch mal schneller laufen lassen. Außerdem sind sie zu jeder Tageszeit, am Schreibtisch, unterwegs oder auf der Couch konsumierbar. Das sind unschlagbare Vorteile gegenüber dem linearen Lernen in der Schule, denn jeder von uns hat sein eigenes Lerntempo und individuelle Stärken und Schwächen.

Irgendwann waren wir an einem Punkt, an dem wir über drei Millionen Subscriber auf YouTube und fast eine halbe Milliarde Videoaufrufe hatten. Hunderttausende Schülerinnen und Schüler lernten jeden Monat mit uns und Lehrkräfte haben unsere Videos im Klassenzimmer eingesetzt. Damit hatten wir eine riesige

Verantwortung und stellten uns die Frage: Ist das die Zukunft der Bildung?

Doch YouTube wurde nicht fürs Lernen konzipiert. Die Algorithmen sind auf maximale Watchtime und damit schlussendlich auf Werbeeinnahmen, nicht auf Lernerfolg hin optimiert. Außerdem hätte Google die Plattform – ähnlich wie Google+ – jederzeit einstellen können. Dann wären wir und damit unser Team, für das wir ja ebenfalls die Verantwortung trugen, am Arsch gewesen. Darüber hinaus reichen Lernvideos, trotz all der erwähnten Vorteile, zum Lernen allein nicht aus. Man konsumiert sie eher passiv, statt den Stoff anzuwenden und zu üben.

Entlassungen – einer der emotional schwierigsten Momente für uns als Gründer.

Wir gelangten zu der Einsicht, dass Videos allein auch für unser Business nicht die richtige Strategie war. Inhalte und Plattform mussten aus einer Hand stammen und wir die Kontrolle über beides haben. Es folgte eine wahre Achterbahnfahrt und der erste große *Pivot* – weg von einer reinen Videoproduktionsfirma hin zu einem Technologieunternehmen. Die Entscheidung, das *Businessmodell* umzustellen, war hart. Immerhin waren wir profitabel und hatten 30 hochmotivierte Mitarbeitende. Schweren Herzens entschlossen wir uns damals, die Hälfte des Teams zu entlassen – bis heute einer der emotional schwierigsten Momente für uns als Gründer. Doch wir brauchten für die neue Strategie ein völlig anderes Set-up. Trotzdem geriet der Launch der ersten App in 2016 zum Epic Fail. Wir hatten zwar viele Downloads und jede Menge positive Bewertungen, doch ein Kommentar traf es auf den Punkt: »Hey Jungs, 5 Sterne, weil ich feiere, was ihr macht. Aber die App ist scheiße.«

In Wirklichkeit gab es übrigens einen weiteren Grund für die Umstrukturierung, den wir bislang kaum in der Öffentlichkeit thematisiert haben und der die Situation emotional noch viel härter für uns gemacht hat. Im Hintergrund steckten wir mitten in einem Rechtsstreit mit unserem Ex-Gesellschafter. Wir hatten die GmbH nämlich zusammen mit einem strategischen Partner gegründet, der einen Großteil der Anteile hielt. Ohne in die Details gehen zu wollen, hatte sich diese Firma zum damaligen Zeitpunkt etwas Schwerwiegendes zuschulden kommen lassen. Wir sind keine Anwälte, aber wir glauben, der juristische Fachbegriff lautet: Clusterfuck!

Augen auf bei der Gesellschafterwahl.

Wir sahen keinen anderen Ausweg, als deren Anteile zwangseinzuziehen, woraufhin wir verklagt wurden. Nach zwei Jahren Rechtsstreit hatten wir uns endlich auf einen Vergleich geeinigt, der uns dazu verdonnerte, fast eine Million Euro Abfindung zu zahlen. Das überstieg bei Weitem die finanziellen Möglichkeiten von TheSimpleClub, sodass wir dafür sogar privat bürgen mussten. Wir sind quasi all-in gegangen und haben alles auf eine Karte gesetzt. Diese Zeit war die mit Abstand schwierigste in unserem Gründerleben. Also Augen auf bei der Gesellschafterwahl.

Es bringt nichts, wenn man sich nur mit Leuten umgibt, die einem zu ähnlich sind.

Mindestens genauso wichtig ist es, die richtigen *Co-Founder* zu finden. Nicht jeder hat das Glück, mit seinem besten Kumpel zu gründen, der mit einem durch dick und dünn geht. Wir beide kennen uns seit der 5. Klasse, vertrauen uns blind und ergänzen uns gegenseitig. Es bringt nichts, wenn man sich nur mit Leuten umgibt, die einem zu ähnlich sind. Darauf achten Geldgeber ebenfalls. Kein vernünftiger Trainer stellt beim Fußball nur Stürmer ohne Abwehr und Torwart auf den Platz. Auch *Solo-Foundern* stehen Investierende oft skeptisch gegenüber, denn deren *Start-ups* überstehen nur selten den Bustest, der da lautet: Was passiert, wenn der Gründende vor den Bus läuft? Klingt makaber, ist jedoch ein zusätzliches Risiko für die Kontinuität der Unternehmensführung.

Der Prozess der kreativen Zerstörung gehört bei Start-ups dazu.

Vor allem ermöglichen zwei oder mehr Founder die Verteilung der Aufgaben auf mehrere Schultern. Obwohl wir beide einen technischen Universitätsabschluss besitzen, haben wir trotzdem eine klare Aufgabenteilung. Einer kümmert sich um die Produktentwicklung und Technologie und der andere um Business Development, Vertrieb und Marketing. Nur das Unternehmen führen, das machen wir als Co-CEOs zusammen. Nicht umsonst schreiben wir diese Zeilen gemeinsam und im Plural. Anders war es nur einmal ganz am Anfang. Da haben wir uns in getrennte Räume gesetzt und unabhängig voneinander unsere Vision für TheSimpleClub aufgeschrieben. Und was sollen wir sagen: Wir hatten einen Match. Seitdem gibt es uns nur im Doppelpack. Sowohl intern nach dem Vieraugenprinzip als auch extern bei gemeinsamen Presseterminen oder gegenüber unseren Investierenden. Das ist nicht unbedingt das gängigste Modell, aber für uns funktioniert es. Außerdem hält man so automatisch sein Ego in Schach und konzentriert sich auf die Sache, denn um die geht es ja schließlich.

Und deswegen haben wir damals fast alles in die Tonne getreten und die gesamte Firma neu aufgebaut. Quasi ein kompletter Reset. Dieser Prozess der kreativen Zerstörung gehört bei *Start-ups* zwar dazu, ist aber trotzdem schmerzhaft. Gerade in schwierigen

Fahrwassern zeigt sich, ob ein Gründerteam zusammenhält. Und eins ist sicher: Heute sind wir unendlich dankbar, dass wir die Phase des Rechtsstreits nicht allein durchstehen mussten.

Neben dem *Pivot* haben wir unsere Company abermals umfirmiert und in simpleclub umbenannt. Ihr denkt euch womöglich: Warum nicht gleich so? Ist doch im wahrsten Sinne des Wortes einfach. Im Nachhinein schon. Aber Facebook hieß ursprünglich ja auch The Facebook, bis der Founder von Napster zu Mark Zuckerberg sagte: »Drop the The!« Die legendäre Szene dazu in ›The Social Network‹ hatten wir anscheinend nicht verinnerlicht, sonst hätten wir uns den Umweg gerne erspart. Wahrscheinlich lag es nicht nur am Artikel, aber der *Pivot* und unser großer App-Relaunch 2019 waren ein voller Erfolg. Wir hatten einen viel besseren *Product-Market-Fit* und konnten genug Gewinne erwirtschaften, um die Abfindung zu begleichen. All-in zu gehen hatte sich ausgezahlt und simpleclub gehörte endlich wieder zu 100 Prozent uns.

»Drop the ›The‹!«   *Sean Parker*

2020 kam dann das, was heute keiner mehr hören will: die Pandemie. Kurz vor der Schulschließung während des ersten Lockdowns hatten wir eine spontane Hilfsaktion gestartet und kostenlose Schullizenzen in ganz Deutschland verteilt. Die Idee kam uns, nachdem sich viele Lehrkräfte und Schulleitende in Panik bei uns gemeldet hatten. Als wir die Aktion am Freitag auf Social Media gepostet hatten, ist unsere Inbox übers Wochenende förmlich explodiert. Wir hatten mal eben innerhalb von 48 Stunden 1,9 Millionen Lizenzen im Wert von weit über 30 Millionen Euro verteilt! Damit waren wir fast in jeder Schule Deutschlands vertreten. Das ging natürlich einher mit einer riesigen Verantwortung. Egal wie erfolgreich der App-Relaunch zuvor auch war, mit so vielen Nutzenden in so kurzer Zeit hatten wir selbst in unseren kühnsten

Träumen – beziehungsweise im Best-Case-Szenario des *Business-plans* – nicht gerechnet. Dabei wollten wir so viel mehr mit der Plattform erreichen und noch schneller agieren. Aber dafür mussten wir uns finanziell neu aufstellen.

Durchschnittlich überlebt eines von zehn Start-ups.

Deshalb sind wir von *bootstrappt* auf Risikokapital umgestiegen. Statt also mit dem eigenen Geld, das monatlich reinkam, zu haushalten, haben wir Fremdkapital eines *Venture-Capital* (*VC*) aufgenommen. Diese erwarten von ihren Investments schnelles und exponentielles Wachstum – in unserem Fall kein Problem. Denn deren Rechnung ist denkbar einfach: Durchschnittlich überlebt eines von zehn *Start-ups*. Daher brauchen die *VCs* beim *Exit* einen *Multiple* von zehn oder mehr, um die Verluste der neun gescheiterten wettzumachen. Während man sich als Gründer also ausmalt, ein paar Jahre mit dem Geld eines *Exits* bei fünffacher Bewertung in Thailand zu chillen, zöge man damit in Wirklichkeit die Durchschnittsperformance des Fonds herunter. Das reicht nämlich nicht, um mit dem eingesetzten Kapital die versprochene Rendite zu erzielen. Denn *VCs* haben sich ihr Geld auch nur von sogenannten *Limited Partners (LPs)* geliehen, die es ordentlich verzinst wissen wollen. Bitte nicht falsch verstehen: Wir sind HV Capital sehr dankbar, dass sie an uns geglaubt und sich 2020 mit zwei Millionen Euro an simpleclub beteiligt haben. Damit konnten wir die Company stärker aufstellen und in die Weiterentwicklung der Plattform investieren. Dabei war und ist unser Anspruch, dass wir die besten digitalen Lerninhalte in Deutschland produzieren – Punkt.

Das Bildungssystem hierzulande könnte heute ebenfalls schon wesentlich besser sein. Denn es existieren durchaus Konzepte, die sich in der Lernforschung bewährt haben, aber in deutschen

Schulen keinen Einzug finden. Dabei wollen wir mit unserer App keinesfalls Lehrkräfte ersetzen. Vielmehr möchten wir sie bei der Vermittlung von Inhalten unterstützen. Dadurch bleibt ihnen hoffentlich mehr Zeit für ihre Rolle als Coach, Mentor und Motivator und nicht für mehr Frontalunterricht. Eine weitere Herausforderung für uns ist, dass digitale Lösungen in Deutschland leider zu wenig in den Unterricht miteinbezogen werden. Etablierte Beziehungen mit klassischen Schulbuchverlagen, komplizierte Anträge zum Abrufen der Gelder zur Digitalisierung, langsame Behörden und eine übertriebene Angst vor Datenschutz sind hohe Hürden für *EdTech Start-ups* wie simpleclub.

Deswegen müssen wir die User direkt ansprechen. Wir versuchen auch gar nicht erst, unser Produkt den Eltern zu verkaufen, sondern setzen bewusst auf *Pull-Marketing*, bei dem die Schülerinnen und Schüler im Fokus der Kommunikation stehen. Ziel ist, diese so für die Lernplattform zu begeistern, dass sie sich von ihren Eltern ein Abo wünschen. Denn seien wir doch mal ehrlich: Jugendliche machen in dem Alter, in dem die Probleme in der Schule losgehen, so ziemlich alles – nur nicht das, was ihre Eltern von ihnen wollen. Und der Erfolg gibt uns recht. Heute lernen jeden Monat über zwei Millionen Menschen mit unseren Inhalten.

Unsere Vision ist die Verschmelzung des Schulsystems mit digitalen Lösungen fürs Lernen.

Von der Regierung wurde das Thema Digitalisierung in der Vergangenheit leider sträflich vernachlässigt. Nicht nur, aber auch in der Bildung. Das hat wohl jeder mit schulpflichtigen Kindern spätestens während der Coronapandemie gemerkt. Das können wir uns als Gesellschaft nicht länger leisten und deshalb haben wir 2021 die ›Initiative der deutschen digitalen Bildungsanbieter (iddb)‹ mitgegründet. Im Rahmen dieser Vereinigung sind wir mit der Politik zur Digitalisierung der Bildung im Dialog. Unsere Vision ist die Verschmelzung des Schulsystems mit digitalen Lösungen fürs Lernen.

Denn wir wollen auf keinen Fall, dass nur Schüler aus privilegierten Familien unsere App nutzen können. Auch wenn wir günstiger als Nachhilfestunden sind, finden wir genauso als bezahltes Zusatzprodukt am Nachmittag statt. Langfristig sollen nicht Schülerinnen und Schüler beziehungsweise deren Eltern für die App zahlen, sondern die Schulen. Doch dort wird weiterhin mit verstaubten Büchern gelernt. Unser Ziel, simpleclub in den Schulalltag zu integrieren, haben wir bis dato nicht erreicht.

Und bis wir in Deutschland so weit sind, braucht es jede Menge Zeit. Doch die ist bei *Start-ups* neben dem *Funding* grundsätzlich knapp. Denn egal, wie viel man *geraist* hat – jede *Runway* ist endlich. Um das *B2C*-Modell weiter zu skalieren, benötigten wir also abermals frisches Geld und haben 2022 eine *Series-A*-Finanzierungsrunde in Höhe von sieben Millionen Euro mit zusätzlichen Investierenden wie 10X-Founders und einflussreichen *Business Angels* gedreht. Letztere können ein wichtiges Asset für *Start-ups* sein. Dabei geht es weniger um das Geld, das sie mitbringen, sondern vielmehr um die Erfahrung und das Netzwerk, welche sie beisteuern. Manchmal können sie auch von außen einen frischen Blick auf das Unternehmen werfen, den man selbst wegen Betriebsblindheit nicht mehr hat.

In unserem Fall genügt es oft schon, dass wir zu zweit sind, um uns gegenseitig kritisch zu hinterfragen. Und so kam knapp ein Jahr später der Zeitpunkt, an dem wir den ursprünglichen Plan abermals über den Haufen warfen.

»Everyone has a plan, till they get punched in the mouth.« *Mike Tyson*

Schon seit 2019 hatten wir uns einen weiteren Revenue-Stream erschlossen – den der Berufsausbildung. Dieser Geschäftsbereich war uns fast ein wenig in den Schoß gefallen, denn Azubis wollten nach der Schule weiter mit uns lernen und wünschten sich die App diesmal nicht von ihren Eltern, sondern von ihrem Ausbildungsbetrieb. Die Firma Brillux kam damals auf uns zu, um die Lerninhalte ihrer Auszubildenden zu digitalisieren, woraus sich bald unser *B2B*-Modell entwickelte. Damit verlängerten wir quasi den *Customer Life Cycle* von Schülern um zwei bis drei Jahre. Außerdem war der *Churn* vergleichsweise gering, denn Unternehmen stellen jedes Jahr neue Azubis ein und benötigen die Lizenzen daher dauerhaft. Derzeit verzeichnen wir sogar negativen *Churn*. Das entspricht vom Prinzip der mathematischen Regel »Minus mal minus ergibt plus« und bedeutet, dass die Kundenzahl sogar wächst, weil sie Lizenzen dazubuchen. Schulabgänger hingegen mussten wir jedes Jahr durch neue Abonnenten ersetzen.

Als frühphasiges Start-up sollte man zu viele Baustellen auf einmal tunlichst vermeiden.

Ende 2022 haben wir uns zusammengesetzt, um die Modelle nebeneinanderzulegen und zu vergleichen. Das *B2B*-Business wuchs deutlich schneller, die Zahlungsbereitschaft der Unternehmen und damit deren *Average Revenue per User* (*ARPU*) war wesentlich höher und die gesamte Opportunity größer. Außerdem war uns durch die Zusammenarbeit mit Betrieben und Berufsschulen eine tatsächliche Integration ins Bildungssystem gelungen. Wir mussten uns eingestehen, dass *B2B* schlicht besser zu unserer Vision passte. Also beschlossen wir, künftig darauf den Fokus zu legen. Denn als frühphasiges *Start-up* sollte man zu viele Baustellen auf einmal tunlichst vermeiden. Stattdessen haben wir Ressourcen umgeshiftet und das *B2C*-Geschäft mit einem verkleinerten Team zum Selbstläufer umgebaut. Gleichzeitig haben wir den Druck rausgenommen, dort jedes Jahr 100 Prozent wachsen zu müssen. Auch wenn wir keine 180°-Wende vollzogen, sondern vielmehr den Kurs Richtung *B2B* korrigierten, war es dennoch ein riesiger Kraftakt. Im Nachhinein können wir jedoch sagen, dass sich unsere Neuausrichtung absolut ausgezahlt hat. Fast 30 Ausbildungsberufe haben wir bislang digitalisiert und es werden ständig mehr. In 2023 waren wir das schnellst wachsende *B2B-EdTech* in Deutschland und neben Eltern beziehungsweise Schülern haben wir mittlerweile über 300 Unternehmen als zahlende Kunden. Darunter sind so große und namhafte Firmen wie die Deutsche Bahn, Vodafone und die Sparkassen.

B2B-Vertrieb richtet sich meist an verschiedene *Stakeholder* beim Kunden, wodurch der *Sales-Cycle* komplexer und die *Customer Acquisition Cost* (*CAC*) höher wird. Aber es lohnte sich, denn die Unternehmen zahlten einen Pauschalpreis pro Monat und sämtliche ihrer Azubis bekamen auf einen Schlag Zugang zu den Lerninhalten. Das skalierte für uns deutlich besser und gleichzeitig machten sich die Ausbildungsbetriebe für junge Berufseinsteigende attraktiver. Denn um die knappen Azubis aus den geburtenschwachen Jahrgängen herrscht ein knallharter Wettbewerb. Es gibt wesentlich mehr Ausbildungsplätze als Bewerbende und zusätzlich sinkt das Bildungsniveau in Deutschland, sodass Azubis häufiger durchfallen. Darüber hinaus ist der Lehrkräftemangel an den Berufsschulen noch extremer, was unweigerlich zu Qualitätsabstrichen in der berufsbegleitenden Bildung führt. Nicht zu vergessen, dass immer mehr Ausbildende vor Ort in den Betrieben in Rente gehen. *Employer Branding* wird im sogenannten ›War for Talents‹ zunehmend wichtig und dazu gehört, dass man das Ausbildungsangebot digitalisiert. Und da kommen dann wir ins Spiel.

Strategisch Investierende erhoffen sich einen Nutzen für die eigene Firma oder den Zugang zu neuen Kundensegmenten.

Das hat auch einige Unternehmer des deutschen Mittelstands überzeugt und 2023 dazu bewogen, persönlich drei Millionen Euro in simpleclub zu investieren. Anders als *VCs* sind solche strategisch Investierenden selbst an den Lösungen eines *Start-ups* interessiert. Entweder erhoffen sie sich einen Vorteil für die eigene Firma oder den Zugang zu neuen Kundensegmenten. Wichtig an dieser Stelle ist, dass es sich um kein Investment eines Unternehmens – zum Beispiel eines Schulbuchverlags – handelt. Diese Art der strategisch Investierenden kaufen komplementäre Geschäftsbereiche für ihr Unternehmen hinzu, statt sie selbst aufzubauen. Das mögen *VCs* gar nicht und halten sich ab diesem Zeitpunkt meist zurück. Strategische Investments gibt es aber auch bei *VCs*, wenn sie beispielsweise die Fusion mit anderen *Start-ups* in ihrem Portfolio planen.

In unserem Fall wollten Familienunternehmer wie die von Rullko, Kienbaum und Globus die digitale Berufsausbildung im deutschen Mittelstand voranbringen und dem Fachkräftemangel entgegentreten. Deren Geld nutzen wir derzeit, um zusätzliche Ausbildungsberufe zu digitalisieren und deren Netzwerk, um weitere Kunden aus dem Mittelstand zu gewinnen. Basierend auf den Rahmenlehrplänen der Berufsschulen bereiten wir die Inhalte als Videos, Lektionen, interaktive Animationen und Prüfungsaufgaben neu auf.

Neben der Erschließung zusätzlicher Kundensegmente ist die Internationalisierung eine weitere Form der Expansion in neue Märkte. Und genau damit haben wir jüngst angefangen. Um mögliche Sprachbarrieren zu vermeiden, haben wir bei unseren Nachbarn in Österreich angerufen – mit Erfolg. Zusammen mit wîse up, der Aus- und Weiterbildungsplattform der Wirtschaftskammern Österreichs (WKO), sorgen wir künftig dafür, dass die Lehre dort digital unterstützt wird. Praktisch war dabei, dass die Ansprüche an die Lehrberufe nahezu identisch sind, denn ein IT-Systemtechniker in Berlin muss über dieselben Kenntnisse verfügen wie der in Wien.

Eine Zeit lang haben wir auch eine Internationalisierung des Angebots für Schüler in anderen Ländern geprüft. Dabei erschien uns der spanische Markt als Sprungbrett für Südamerika geeignet. Von unserer Zeit auf YouTube wussten wir, dass es viele reichweitenstarke Creator in Spanien gibt, deren Subscriber zum großen Teil von diesem Kontinent stammen. Neben der Sprache stellen lokale Wettbewerber, fehlende Markenbekanntheit, abweichende Regulierungen und in unserem Fall Unterschiede im Bildungssystem weitere Markteintrittsbarrieren dar. Gründende müssen vor solch einem Schritt Chancen und Risiken sorgfältig abwägen. Auch wenn der sogenannte *Hockeystick* bei der Umsatzentwicklung winkt, auf den Investierende so scharf sind, darf man sich auf keinen Fall verzetteln.

Lokale Wettbewerber, fehlende Markenbekanntheit und abweichende Regulierungen stellen hohe Markteintrittsbarrieren dar.

Fokus ist nicht nur wichtig für das Unternehmen selbst, sondern auch für die Gründenden. Denn die Ressourcen sind immer knapp und müssen mit größtmöglicher Wirkung eingesetzt werden – sei es Personal, Geld oder schlicht die Kapazität der Founder. Deswegen teilen wir uns den Tag in Abschnitte ein. Der Morgen ist geblockt für konzentrierte Deep Work ohne Unterbrechungen. Da kommen keine Termine in den Kalender und das Handy ist im Flugmodus. Nachmittags folgen dann kreative Workshops mit dem Team oder Meetings mit Kunden. Trotzdem hat auch unser Tag nur 24 Stunden und die können nicht ausschließlich aus Arbeit bestehen.

Denn ein *Start-up* bis zum *Exit* zu führen ist kein Sprint, sondern ein Marathon. Oder hast du schon mal jemanden fünf Jahre am Stück rennen sehen? Klar muss man sich den Arsch aufreißen und die Work-Life-Balance ist nicht immer im Gleichgewicht. Es gab Zeiten, da haben wir 80-Stunden-Wochen geschoben, doch das ist auf Dauer nicht gesund. Hobbys und Sport sollte man nicht komplett vernachlässigen. Zum Ausgleich machen wir beide viel Sport. Nico fährt außerdem gerne Extreme Enduro und Alex spielt Klavier, an dem er schon als Kind bundesweite Talentwettbewerbe gewonnen hat. Gründer ohne Privatleben ist nicht unser Modell, denn am Ende lebt man nur einmal und ist vor allem nur einmal jung.

Ein Thema, welches wir bislang noch nicht erwähnt haben und das derzeit in aller Munde ist: *ChatGPT* beziehungsweise *künstliche Intelligenz* (*KI*). Nur selten gibt es Erfindungen, die so bahnbrechend sind, dass sie die Welt grundlegend verändern. *Künstliche Intelligenz* spielt aus unserer Sicht in der Liga dieser revolutionären Technologien, wie sie nur alle paar Tausend Jahre vorkommen. Beispielsweise waren die Nutzung des Feuers, die Umstellung auf Landwirtschaft und die Erfindung der Schrift so grundlegend für die Entwicklung der Menschheit, dass sie das gesellschaftliche Zusammenleben nachhaltig verändert haben. *KI* hat das Potenzial, für ebenso tiefgreifende Umwälzungen zu sorgen.

Ohne das Buzzword KI im Businessplan
hat man kaum Chancen, Geld zu raisen.

Wie so oft bei neuen Technologien wurde auch der kurzfristige Impact von *KI* überschätzt und übertrieben gehypt. Nicht zuletzt im *VC*-Business, das in den letzten beiden Jahren nach dem Gießkannenprinzip Kohle an *Start-ups* verteilt hat, die »irgendwas mit *KI*« im *Businessplan* stehen hatten. Ohne dieses Buzzword hat man kaum Chancen, Geld zu *raisen*.

Die langfristigen Auswirkungen solch revolutionärer Innovationen werden hingegen gern mal unterschätzt. Wir bei simpleclub sind uns einig, dass *KI* im Allgemeinen und in der Bildung im Speziellen ein riesiges Potenzial hat. Für uns als *EdTech Start-up* führt an dem Thema kein Weg vorbei und so haben wir schon Anfang 2023 massiv in generative *KI* investiert. Bereits nach einem halben Jahr haben wir unseren ersten Milestone erreicht und den simpleclub AI Tutor released. Dieser digitale Assistent ist in alle Schulfächer und Ausbildungsgänge voll integriert. Er beantwortet Fragen kontextbezogen, simplifiziert komplexe Definitionen, erleichtert die Suche und vertieft das Verständnisniveau der Lernenden. User erhalten mit dieser Anwendung einen personalisierten Lernbegleiter, fast wie einen Privatlehrer, der komplett auf die Bedürfnisse seines einzigen Schülers eingeht. So lösen wir eines der Grundprobleme des deutschen Bildungssystems, das wir oben bereits angesprochen haben: den Zwang, alles nach Schema F zu lernen, statt angepasst an das individuelle Lerntempo.

Für die Entwicklung und das Trainieren einer *KI* bedarf es jeder Menge Daten. Davon haben wir dank der 20.000 Lerninhalte auf simpleclub genug, um unsere *KI*-Modelle zu füttern, die dann neue Beiträge bereitstellen. Das ermöglicht Lernenden, sich mit unbegrenzten *KI*-generierten Übungsaufgaben auf ihre nächste Prüfung vorzubereiten. Denn die kommt so sicher wie die nächste PISA-Studie mit miserablen Noten für Deutschland. Es sei denn, das tradierte Bildungssystem stellt sich der Herausforderung und öffnet sich endlich digitalen Tools wie dem unsrigen.

Auch auf uns kommen stets neue Herausforderungen und Aufgaben zu. Mittlerweile sind wir zusätzlich als Public Speaker tätig und sprechen dabei über Fachkräftemangel und die Digitalisierung der Bildung. Außerdem wollen wir unsere Erfahrungen als Founder teilen und weitergeben – sei es durch Projekte wie dieses Buch oder als Gesellschafter der Non-Profit-Initiative ›STARTUP TEENS‹. Diese bringt 16- bis 25-Jährigen unternehmerisches Denken und Handeln bei. All das zahlt auf die Mission von simpleclub ein: »Educate the World«.

Wir sind an unseren Erfahrungen ebenso gewachsen wie unsere Ziele.

Das ist ein wesentlich dickeres Brett als unser ursprünglicher Vorsatz: »Wir machen jetzt die coolsten Mathevideos Deutschlands.« Aber wir waren jung und im positiven Sinne naiv. Wer weiß, ob wir sonst überhaupt losgelegt hätten.

Seitdem ist irrsinnig viel passiert und wir sind an unseren Erfahrungen ebenso gewachsen wie unsere Ziele. Auch in Zukunft haben wir auf jeden Fall noch einiges vor und freuen uns riesig auf die nächsten zehn Jahre.

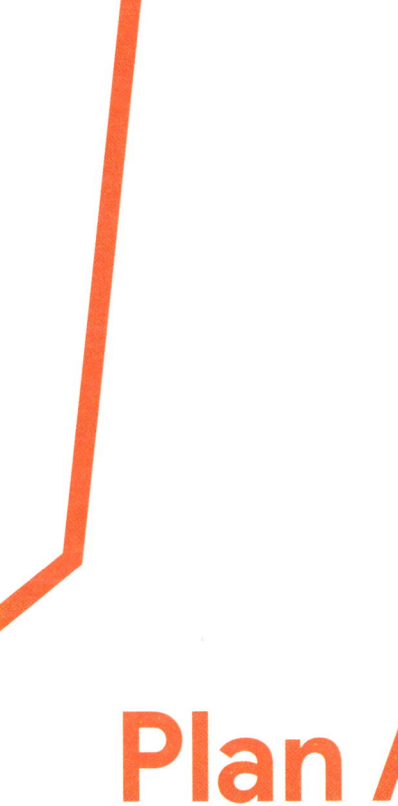

Plan A

The Power of Serendipity

Lubomila Jordanova

STECKBRIEF

Name: LUBOMILA JORDANOVA

Geburtsdatum: 27.04.1989

Geburtsort: Sofia

Ausbildung: Master in Management an der London School of Economics and Political Science (LSE)

Ursprünglicher Berufswunsch: Anwältin

Erste Gründung im Alter von: 27

Fun Fact: Ich habe aktiv an Skirennen teilgenommen, bis ich 16 Jahre alt war.

Beruf Vater: Unternehmer

Beruf Mutter: Unternehmerin

Vorbilder: Andrew Grove, Gordon Moore, Albert Einstein, Jane Goodall, Marie Curie

Bester Tipp, den ich je bekommen habe: »Magic's just science that we don't understand yet.« Arthur C. Clarke

Mein persönlicher Myth Buster: »Ein gewöhnlicher Haushaltsstaubsauger kann kein Auto durch Ansaugen anheben.« – Doch, kann er!

Buch, das man gelesen haben muss: ›How Bad are Bananas?‹ von Mike Berners-Lee

Kaum eine Gründerin der deutschen *Start-up*-Szene hat sich mehr um das Klima verdient gemacht als Lubomila Jordanova. Sie ist *Co-Founder* und CEO von Plan A sowie Mitgründerin der Greentech Alliance. Darüber hinaus sitzt sie im Sustainability Board von Chloé. Vor ihrer Tätigkeit bei Plan A arbeitete sie in den Bereichen Investmentbanking und *Venture-Capital* sowie der Fintech-Industrie in Asien und Europa. Sie ist eine der Leader Europe 2022 der Obama Foundation, MIT Innovator Under 35 Europe 2022, Marshall Fund Fellow 2022 und wurde vom Handelsblatt als eine der Top-50-Frauen im Tech-Bereich in Deutschland bezeichnet.

Mit Plan A hilft Lubomila Unternehmen, ihre Nachhaltigkeitsziele zu erreichen und leistet damit einen signifikanten Beitrag zur Rettung des Klimas und unseres Planeten. Aus ihrer Founder's Story können wir folgende Lehren ziehen:

Dos:

– Glaube an die Macht des glücklichen Zufalls.

– Suche dir erfahrene Mentoren und werde selbst zu einem, wenn du älter bist.

– Verschiebe die Grenzen des Machbaren.

Don'ts:

– Gründen mit Rettungsfallschirm (der bremst nur aus)

– Unternehmen mit Exceltabellen steuern

– Sich von einem steilen Aufstieg den Kopf verdrehen lassen

Lubomilas
Founder's Story

Als ich meine Sachen packte, um mich auf einen langer-sehnten Surftrip gen Marokko zu begeben, war mir nicht klar, wie fundamental diese Reise mein Leben verändern würde. Was mit Vorfreude, Fernweh und dem Verlangen nach einer wohlverdien-ten Auszeit begann, mündete in einer Kündigung, einem Umzug und einem beruflichen Neubeginn. Von jetzt auf gleich war ich fest entschlossen, alles auf null zu setzen. Ich ließ meinen jahrelan-gen Lebensmittelpunkt, das mir vertraute Umfeld und einen gut bezahlten Job hinter mir, um mich voll und ganz einer rasant ge-reiften Überzeugung hinzugeben – komplett ohne Fallschirm für den Fall, dass es nicht klappt.

Rettungsschirme bremsen einen nur aus.

Dabei hatte ich alles, was man sich nur erträumen konnte. Geboren und aufgewachsen in Bulgarien, zog es mich bereits früh raus in die Welt. Ich war schon immer neugierig und getrieben, andere Menschen, Sprachen und Kulturen kennenzulernen, die Erde zu bereisen, schillernde Orte zu entdecken und die faszinierende Natur zu erkunden. Ich hatte das Glück und das Privileg, dass meine Eltern diesen Lern- und Entdeckungsdrang stets unterstützen konnten. Aber sie wären nicht die fürsorglichen Eltern, die sie sind, wenn sie mich nicht auch auf das Leben vorbereitet hätten. Etwas Solides zu lernen und sich eine Zukunft aufzubauen: Anwältin. Das hätte ihnen gefallen. Es war mein Kindheitstraum, andere bei der Lösung ihrer Probleme zu unterstützen. Also was machte ich als Zehnjährige? Ich stolzierte durch das Haus meiner Großeltern, schnappte mir das nächstbeste dicke Buch, schlug es wahllos auf und tat so, als rezitierte ich Gesetze. Das funktionierte jedoch nur mit mäßigem Erfolg, weshalb ich diesen Traum Traum sein ließ. Dennoch kann ich rückblickend sagen, dass dieser Ehrgeiz, für die gerechte Sache einzustehen, und der unbedingte Wille, anderen Menschen zu helfen, sich bis heute wie ein roter Faden durch mein Leben ziehen. Es war ein früher Fingerzeig, wer ich bin und was ich mit meinem Leben anfangen sollte.

Plan B, damals noch mit Rettungsschirm, war ebenfalls bodenständig. So zog es mich nach London, um Business Management an der London School of Economics and Political Science (LSE) zu studieren. Diese Zeit war unschätzbar wertvoll für mich und meinen weiteren beruflichen Werdegang. Ich tauchte ein in die Welt der Wirtschaftslehre, des Unternehmertums sowie der Finanzkennzahlen. Und bei allem, was ich lernte, reifte in mir die Erkenntnis, dass diese etablierte Lehre und Sicht auf Wirtschaft und Wachstum unsere heutige veränderte Welt nicht mehr vollends widerspiegelte. Eine Einsicht, die zum damaligen Zeitpunkt noch kein greifbarer, klarer Gedanke war, mich aber wenige Jahre später infolge meiner Reise nach Marokko wie ein Blitz traf.

Bevor es jedoch so weit kommen konnte, verdingte ich mich im Investmentbanking, im *VC*-Bereich und in der Fintech-Branche mit einem Abstecher nach Asien und zuletzt zurück in London. Die gelernte Theorie wurde gelebte Praxis. Wie reguliert sich der globale Finanzfluss? Welche Spielregeln gelten für Risikokapital? Wie kann sich ein Jungunternehmen in einem wettbewerbsintensiven Marktumfeld etablieren und durchfinanzieren? Unbezahlbare Lektionen, die mich formten und den Grundstein für das legten, was unweigerlich folgen sollte.

Statt Surfbrett schnappte ich mir Eimer und Handschuhe und befreite Strände vom Müll.

Was uns direkt an Marokkos Küste führt. Der Plan war auszuspannen, mich den Wellen hinzugeben und den Kopf freizubekommen. Doch gleich nach der Ankunft wich mein Lächeln einem langen Gesicht. Statt surfen zu gehen, sah ich mich mit Stränden konfrontiert, die, so weit das Auge reichte, mit Plastik und anderem Müll übersät waren. Ich war paralysiert. Statt Reißaus aus dem turbulenten, oft durch Unachtsamkeit geprägten Londoner Alltagsleben zu nehmen und in die mystische, geheimnisvolle Ferne einzutauchen, wurde ich schonungslos mit der Realität konfrontiert. Und die verhieß nichts Gutes. Ganz im Gegenteil: Auch hier im wunderschönen Marokko machte die Missachtung der Menschen gegenüber ihrem eigenen Ökosystem nicht halt. Mitnichten ein regionales Phänomen, sondern ein systemisches, wie mir schmerzhaft klar wurde. Diese Erkenntnis ließ den ersten Dominostein kippen.

Statt Surfbrett schnappte ich mir Eimer und Handschuhe und verbrachte meinen gesamten Aufenthalt damit, die Strände vom Müll zu befreien. Es rumorte in mir. Ich war unruhig, richtiggehend wütend. Wie konnte es so weit kommen? Natürlich hatte ich vieles davon schon einmal gehört oder gesehen. Vor allem die mediale Berichterstattung war zunehmend voll von Nachrichten über extreme Wetterereignisse. Dennoch wurde mir klar, dass mir die Zusammenhänge der vielen einzelnen Krisenherde, die unsere globalen Ökosysteme so nachhaltig aus dem Gleichgewicht gebracht haben, verschlossen blieben. Was verbirgt sich aus rein wissenschaftlicher Sicht eigentlich hinter dem Klimawandel? Was sind die wahren Auswirkungen auf den Menschen, unsere Wirtschaft und den Planeten? Es ließ mich nicht mehr los. Zurück in London verbrachte ich jede freie Minute damit, mich zu belesen und die Hintergründe zu verstehen. All das gipfelte in einer einjährigen Untersuchung, in deren Verlauf ich ein Datenmodell erstellte und über 300 Menschen zu ihren Kenntnissen zum Klimawandel befragte. Das Ergebnis war alarmierend und ein Indiz dafür, wie unwissend und mitunter gleichgültig sich die Interviewten gegenüber ihrer Umwelt zeigten. Nach der Umfrage schien meine jüngste Stranderfahrung nicht mehr allzu verwunderlich. Gleichzeitig verstärkte sie meine nun geschärfte Wahrnehmung, dass die Dinge grundlegend falsch liefen. So konnte es nicht weitergehen. Weder bei meinen Freunden und meiner Familie noch in der Gesellschaft und schon gar nicht in der Wirtschaft. Es musste sich dringend etwas ändern – und ich war fest entschlossen, das Heft in die Hand zu nehmen.

Der zweite Dominostein war gefallen und setzte eine sich beschleunigende Kettenreaktion in Gang.

Ich fühlte mich nicht mehr wohl dabei, in meinem gewohnten Leben zu verharren, untätig zu sein und den Kampf gegen den Klimawandel auf morgen zu verschieben. Ich wollte handeln. Und so dauerte es nur einen Wimpernschlag, bis mein Entschluss getroffen war: mein gesammeltes Know-how aus der Geschäfts- und Finanzwelt sowie die just gewonnenen wissenschaftlichen Erkenntnisse zusammenzuführen, um dem rasant fortschreitenden Klimawandel entgegenzuwirken.

Nur wie? Wo anfangen? Und was tun? Es bedurfte eines Neu-starts. Einer anderen Stadt, eines neuen Umfelds und frischer Impulse. Warum es mich hierfür ausgerechnet nach Berlin verschlug? Nun, ich glaube fest an die Macht der ›Serendipity‹, des glücklichen Zufalls. Vieles von dem, was wir heute tun, mag sich uns nicht sofort erschließen. Doch rückblickend ergeben sich zumeist der tiefere Sinn, die unsichtbaren Zusammenhänge. Als Schülerin besuchte ich in Bulgarien ein deutschsprachiges Gymnasium. War es mir zu diesem Zeitpunkt klar, welchen Nutzen dies einmal für mich haben würde? Sicher nicht. Im Nachhinein war es Gold wert. Es ebnete mir den Weg in die deutsche Hauptstadt, die schon 2016 eines der wichtigsten Innovationszentren der Welt war. Die Kombination aus tief verwurzelter wissenschaftlicher Expertise und einer starken Tech-Szene wirkte wie ein Magnet auf mich.

> Ich glaube fest an die Macht der
> ›Serendipity‹, des glücklichen Zufalls.

In dieser pulsierenden Metropole lernte ich schnell Gleichgesinnte kennen und traf so auch meinen Mitgründer Nathan Bonnisseau. Es gab so viel, was uns verband. Die Leidenschaft für die Sache, im Angesicht des sich anbahnenden, bedrohlichen Szenarios nicht zu erstarren, sondern die Ärmel hochzukrempeln und etwas zum Besseren wenden zu wollen. Und so entschlossen wir uns, unsere Kräfte und Talente zu bündeln und im April 2017 gemeinsam ein Unternehmen zu gründen – weder eine Anwaltskanzlei noch ein *VC*, aber dennoch fortan mein ›Plan A‹. Die anfängliche Idee: eine Brücke zwischen weltweiten Nachhaltigkeitsprojekten und deren oftmals mangelhafter Finanzierung zu schlagen. In unseren frühen Tagen setzten wir monatliche Kampagnen um, um Kernbereiche des Klimawandels anzugehen. Wir verbündeten uns mit verschiedensten NGOs rund um den Globus, um beispielsweise jeden Monat eine Million Bäume auf der ganzen Welt neu zu pflanzen. Eine gute Sache, zweifelsohne. Aber brachte das den durchschlagenden Erfolg, den dringend benötigten, zeitnahen Impact? Wir mussten uns eingestehen, dass dem nicht so war.

Uns wurde zunehmend bewusst, dass wir das Problem nicht bei der Wurzel packten.

Also änderten wir unseren Ansatz und entwickelten eine Crowdfunding-Plattform. Das Ziel blieb dasselbe, wurde aber skalierbar. Wir verbanden Individuen mit der Klimawissenschaft und weltweiten Projekten, die dringend Förderung benötigten. Mit der Zeit wurde die Plattform immer ausgefeilter. So bauten wir einen Algorithmus und speisten ihn mit 300.000 Datenpunkten über Ozeane, Wälder, Wildtiere, nachhaltige Lebensweise, erneuerbare Energie und Abfallwirtschaft. Damit war er in der Lage vorherzusagen, wo und wie der Klimawandel am stärksten zu spüren sein und finanzielle Unterstützung am dringendsten benötigt würde. Er prophezeite beispielsweise, dass in der Bretagne der übermäßige Einsatz von Düngemitteln das Grundwasser über die Maßen verschmutzen würde. Mit der Plattform ließen sich Fördermittel kanalisieren, um entsprechende Projekte vor Ort gezielt zu unterstützen. Insgesamt verteilten wir hohe sechsstellige Eurobeträge auf über 100 Projekte weltweit. Ein voller Erfolg. Oder? Wir waren hin- und hergerissen. Der Beitrag, den wir mit unserer Plattform für eine nachhaltigere Zukunft lieferten, war wichtig und dringend nötig. Aber uns wurde zunehmend bewusst, dass wir das Problem nicht bei der Wurzel packten. Bei allem, was wir taten, versuchten wir, das bereits in den Brunnen gefallene Kind aus selbigem zu ziehen. Wie aber ließe sich verhindern, dass es dort überhaupt hineingelangt? Wie konnten wir vermeiden, dass die von uns unterstützten Projekte erst zu solchen werden?

Die Logik in ihrer Offensichtlichkeit ließ uns fragend zurück, wie uns die Lösung so lange verborgen bleiben konnte.

Abermals steckten wir die Köpfe zusammen. Felsenfest stand unser fast schon zur Obsession gewordener Drang, in minimaler Zeit maximalen Impact zu erzielen. Dazu brauchten wir eine flexible, skalierbare Lösung, die sich der Hauptursache des Klimawandels widmet und die Ressourcen freisetzt, es in großem Stil anzugehen. Ausgestattet mit Laptops, Flipcharts und Kaffee schlossen wir uns in unserem wahrlich kleinen Büro ein. Wir recherchierten, debattierten und grenzten den gewünschten Wirkungsbereich Stück für Stück ein – bis uns die Logik in ihrer Offensichtlichkeit fragend zurückließ, wie uns die Lösung so lange verborgen bleiben konnte.

Was verursacht maßgeblich die Klimakrise? Treibhausgasemissionen. Und wer stößt diese hauptsächlich aus? Wer hat zudem die Mittel, die Flexibilität und Innovationskraft, diese nachhaltig zu senken? Unternehmen! Mit ihrem wirtschaftlichen Handeln bewirken sie direkt oder indirekt, dass die globalen Ökosysteme sukzessive aus der Balance geraten. Sie emittieren Treibhausgase, verschmutzen die Luft, verbrauchen Wasser, erzeugen Abfall, bauen natürliche Ressourcen ab – und das zumeist über Maß. Zu welchem Zweck? Um zu wachsen. Und da traf mich die Erkenntnis, die ihren Ursprung in meiner Studienzeit hatte. Die Welt der Wirtschaft dreht sich um Umsätze, Gewinne, Free Cashflows, Margen. Aber inwiefern berücksichtigt diese einseitige, ausschließlich auf Finanzkennzahlen beruhende Sicht der Dinge denn die Auswirkungen des Geschäftsgebarens? Sei es auf natürliche Systeme wie Luft, Wasser, Boden und biologische Vielfalt oder auf menschliche Belange wie Menschenrechte, faire Löhne, Vielfalt und Gleichberechtigung. Die erschreckend einfache Antwort: gar nicht.

Trotz mangelnder Selbsteinschätzung der Auswirkung ihrer geschäftlichen Aktivitäten auf die Umwelt verliehen und verleihen sich viele Unternehmen selbst luftige, oftmals substanzlose Prädikate à la ›nachhaltig‹, ›grün‹ oder ›bio‹. Schließlich haben diese ja einen positiven Effekt auf den Absatz und somit auf die Finanzdaten. Aber machen wir uns nichts vor, in den meisten Fällen handelt es sich um eine reine Mogelpackung. Schnell steht dann der Vorwurf des Greenwashings im Raum und das zu Recht.

Offsetting ist eine Scheinlösung, die das Problem nur verlagert – sozusagen eine moderne Form des Ablasshandels.

Zum Beispiel ist die Praxis nach wie vor weit verbreitet, die eigene CO_2-Bilanz schönzurechnen, indem man die Aufforstung von Wäldern oder andere emissionssparende Klimaprojekte im globalen Süden finanziert. Offsetting heißt diese Praxis. Sie ist eine Scheinlösung, die das Problem nur verlagert – sozusagen eine moderne Form des Ablasshandels. Zum einen belegen zahlreiche Studien, dass im Schnitt mehr als drei Viertel der Projekte, die für Offsetting angeboten werden, haarsträubende Mängel aufweisen und den versprochenen Emissionsausgleich weit verfehlen. Wenn die Unternehmen dann im Glauben sind, etwas Gutes getan zu haben, und fleißig weiter unvermindert CO_2 ausstoßen, haben wir am Ende mehr davon in der Atmosphäre. Zum anderen verfehlt der Ausgleichshandel den Kern des Problems. Statt Treibhausgasemissionen auszugleichen, müssen wir ihren Ausstoß drastisch absenken – nur so lässt sich das 1,5-Grad-Ziel aus dem Pariser Klimaabkommen einhalten.

Um Emissionen reduzieren zu können, muss man aber erst einmal wissen, wo man denn steht. Wie viele Treibhausgase stoße ich als Unternehmen entlang meiner gesamten Wertschöpfungskette überhaupt aus? Den CO_2-Fußabdruck zu berechnen, ist je nach

Unternehmung ein mehr oder weniger aufwendiger Prozess. Nehmen wir Plan A als Beispiel: Als Softwareentwickler haben wir keine eigene Fabrik, keinen Fuhrpark, wir benötigen keine Rohstoffe zum Bau eines materiellen Produkts, das nach dem Gebrauch entsorgt werden müsste. Ganz anders ein Autohersteller. Ein PKW besteht aus rund 10.000 Einzelteilen aus unterschiedlichsten Materialien. Diese müssen zugekauft, zusammengebaut, vertrieben und anschließend entsorgt oder besser recycelt werden. Wie soll man da den Überblick bewahren? Der Heilsbringer für eine Vielzahl an Unternehmen bis heute: Exceltabellen. Schneller Impact? Nein. Flexibel? Eher nicht. Skalierbar? Fehlanzeige.

Genau hier wollten wir ansetzen. Die Auswirkungen wirtschaftlichen Handelns auf Mensch und Umwelt sichtbar machen. Erkenntnisse liefern, wie sich Wachstum im Einklang mit unseren planetaren Grenzen erzielen lässt. Wege aufzeigen, grüner zu wirtschaften, indem Nachhaltigkeit nicht länger nettes Beiwerk, sondern integraler Bestandteil des Geschäftsmodells ist. Und das alles technologiegestützt und wissenschaftsbasiert.

Es war der bisher entscheidendste Moment unserer Unternehmensgeschichte. Der Grundstein unseres seither immensen Wachstums und Erfolgs. Die Mission: Maßgeschneiderte Softwarelösungen und Services für große und komplexe Unternehmen zu entwickeln, damit diese ihre Betriebsabläufe und Wertschöpfungsketten dekarbonisieren und auf den regulatorischen Wandel reagieren können. Mit diesem Schwenk des Geschäftsmodells haben wir fortan all unsere Ressourcen auf die Entwicklung der heute als ›Plan A Sustainability Platform‹ bekannten SaaS-Lösung fokussiert. Doch bis dahin war es ein weiter Weg.

Zunächst mussten wir ein *Minimum Viable Product (MVP)* für unsere Idee entwickeln. Und das zu einer Zeit, als das Thema Nachhaltigkeit in der öffentlichen Debatte noch eine – gelinde gesagt – untergeordnete Rolle spielte. Nachhaltiges Wirtschaften? Dekarbonisierung? Nicht finanzielle Berichterstattung? Damals doch eher Nice-to-haves für Unternehmen. In diesem Umfeld war es eine echte Herausforderung, ein Softwareunternehmen aufzubauen und sich eine entsprechende Finanzierung zu sichern.

Aber auf Berlin war wieder einmal Verlass. Es dauerte nicht lange, bis wir in unserem Netzwerk hoch qualifizierte Mitstreiter fanden, die begeistert von unserer Idee waren und unbedingt Teil des Ganzen werden wollten. So stellten wir in kurzer Zeit nicht nur ein *MVP* auf die Beine, sondern überzeugten damit auch die Digital-Ventures-Abteilung der Boston Consulting Group, die uns im November 2019 vorübergehend Support für die Produktentwicklung zur Verfügung stellte. Unsere Plattform wurde in nur sechs Monaten so fortschrittlich, dass wir gleich mehrere Awards dafür einheimsten. Ein klarer Fingerzeig, dass wir auf dem richtigen Weg waren.

Es ist leicht, sich von einem steilen Aufstieg und viel Lob den Kopf verdrehen zu lassen.

2020 stand ganz im Zeichen der Produktvertiefung. Tagein, tagaus arbeitete unser kleines, aber feines Team an der Weiterentwicklung der Plattform. Unsere Welt drehte sich ausschließlich um Emissionen, Umrechnungsfaktoren und das Greenhouse Gas Protocol, quasi die Bibel der CO_2-Bilanzierung. Wir gewannen erste Kunden, weitere Auszeichnungen und wurden von Ursula von der Leyen, keine Geringere als die Präsidentin der Europäischen Kommission, in ihrer Rede auf dem jährlichen Digital Summit als leuchtendes Beispiel genannt. Was wollten wir mehr?

Impact. Leicht, sich von solch einem steilen Aufstieg und so viel Lob den Kopf verdrehen zu lassen. Aber wir blieben unbeirrt, hatten unsere Mission fest im Fokus und arbeiteten hart, um die Plattform weiter auszubauen, zu wachsen und so immer mehr Unternehmen zunehmend besser dabei unterstützen zu können, ihre Emissionen nachhaltig zu senken. Beileibe keine einfache Zeit. Denn als junges, unbekanntes *Start-up*, das sich zudem noch in einem Markt bewegte, der bestenfalls im Begriff war zu entstehen, mangelte es so ziemlich an allem. Team und Ressourcen wuchsen nicht im gleichen Maße wie die Arbeit. Wir mussten pausenlos überkompensieren. Lange Tage folgten auf kurze Nächte. Die Grenzen des Machbaren wurden Mal um Mal verschoben – im festen Glauben an die Sache und den eigenen Erfolg.

Mit Wachstum kommen Wachstumsschmerzen.

Und unsere Beharrlichkeit zahlte sich aus. Dank der einzigartigen Positionierung, unserer leistungsstarken Plattform sowie des First-Mover-Vorteils in einem zukünftigen Wachstumsmarkt konnten wir im Jahr 2021 gleich zwei Finanzierungsrunden erfolgreich absolvieren und starke Investierende von uns überzeugen. In der *Seed-Runde* im März über drei Millionen US-Dollar brachten wir Demeter IM und coparion sowie Softbank als strategischen Investor an Bord. Im November folgten dann HV Capital und Keen Venture Partners in der Serie A über zehn Millionen US-Dollar. Ausgestattet mit diesen Mitteln exponenzierte sich unser Wachstum. Endlich hatten wir die Mittel, das Team auszubauen, was uns natürlich auch die Möglichkeit bot, mehr Ressourcen in die Produktentwicklung zu stecken. Zeitgleich begannen wir international zu expandieren, eröffneten Büros in europäischen Metropolen wie etwa Paris und London und erweiterten so unseren Kundenstamm.

Doch mit Wachstum kommen Wachstumsschmerzen. Vorher waren die Abstimmungswege denkbar kurz – schließlich passte das gesamte Team in einen Raum. Nun kamen innerhalb kürzester Zeit viele neue Gesichter dazu, die es als Teil ins Ganze einzufügen galt. Alle mussten auf die Unternehmensstrategie eingeschworen werden, unsere etablierte Kultur hochhalten und sich bei allem, was sie taten, auf unsere Ziele fokussieren. All dies hatte unweigerlich zur Folge, dass Kommunikation, Prozesse, Arbeitsweisen und Team angepasst oder zum Teil gar erst entwickelt werden mussten. Und fortwährend müssen.

Wir stampften komplett neue Teams wie zum Beispiel ›Partnerships‹ aus dem Boden, um strategische Partnerschaften mit Global Playern einzutüten und so unseren Impact auf lange Sicht zu potenzieren. Wir verzigfachten das Kernteam aus Wissenschaftlern, Forschern und Experten für CO_2-Bilanzierung, Dekarbonisierung, Nachhaltigkeit und Reporting, um unseren Kunden die dringend benötigte Expertise für zielgerichtete Dekarbonisierung und entsprechende Offenlegung zur Seite zu stellen. Und bauten hierfür zu guter Letzt auch ein schlagkräftiges Customer-Success-Team auf.

Ging uns all dies leicht von der Hand? Keineswegs. Gab es Reibungspunkte? Sicher! Wir mussten uns permanent hinterfragen und neu justieren. Aber wir wussten, dass dieser Weg der richtige war. Denn der Erfolg gab uns recht. Wir gewannen große Marken als Kunden, bauten ein starkes europaweites Partnernetzwerk auf und sahen signifikante Zuwächse bei unseren Softwareumsätzen. Was uns in der Konsequenz im November 2023 – zu einer Zeit, als die Weltkonjunktur am Boden lag, Investitionsrunden seltener und schwieriger wurden und Tech-Unternehmen rund um den Globus Mitarbeitende entlassen mussten – eine neue Finanzierungsrunde in Höhe von 27 Millionen US-Dollar sicherte. Mit Lightspeed Venture Partners konnten wir ein hochkarätiges Schwergewicht als Investor für uns gewinnen. Darüber hinaus konnten wir Visa, die Deutsche Bank, den VC-Zweig der BNP Paribas namens Opera Tech Ventures von uns und vor allem unserer marktführenden Technologie überzeugen. Mit dabei waren auch zahlreiche Einhorn-Gründende, darunter die von Supercell, Aiven, Zalando und Wolt. Aber wie genau funktioniert unsere Plattform denn nun eigentlich?

Hierzu muss man wissen, dass Klimabilanzen international drei Emissionsquellen unterscheiden: Scope 1, 2 und 3. Scope 1 sind Emissionen, die das Unternehmen direkt kontrolliert, etwa weil sie von eigenen Maschinen oder Fahrzeugen ausgestoßen werden. Scope 2 sind indirekte Emissionen, die aus eingekaufter Energie entstehen, etwa Strom und Wärme. Scope 3 umfasst Emissionen von entfernten Gliedern der Lieferkette. Vereinfacht gesagt zählt dazu alles, was außerhalb des Werksgeländes passiert – von zugekauften Materialien über den Transport vom Lieferanten zum Unternehmen (vorgelagerte Lieferkette) bis hin zum Weitertransport zum Kunden und der Entsorgung (nachgelagerte Lieferkette).

Um das zu verdeutlichen, greife ich gern noch einmal das Beispiel der Autoproduktion auf. Angenommen, von den 10.000 Teilen werden 9.000 zugeliefert – von Schrauben über Radkappen bis hin zu den Bremsen –, dann schlagen sich diese in den Scope-3-Emissionen des Autokonzerns nieder. Wichtig ist, dass die Zulieferer die Klimabilanz ihrer Produkte ausweisen können. Sollte dies nicht der Fall sein, müssen diese ermittelt werden – oder man wechselt den Zulieferbetrieb. Man ahnt schon, welchen Aufwand das bedeuten kann.

Die restlichen Teile fertigt der Autohersteller selbst, wie etwa die Karosserie im eigenen Presswerk. Hierbei erzeugt er Scope-1-Emissionen. Das Marketingteam entwickelt Vermarktungspläne, das Vertriebsteam Verkaufsstrategien, das Softwareteam designt Apps fürs Onboard-Entertainment. Alle freuen sich über einen warmen Arbeitsplatz und Strom – die Quelle von Scope-2-Emissionen. Für Gemeinschaftsprojekte greifen sie auf Clouddienste zu, Scope 3. Auch ihre Arbeitswege und Geschäftsreisen fallen darunter.

Es gilt also zahlreiche Datenpunkte zu sammeln und zu verstehen. Und hier kommt unsere Software ins Spiel. Die ›Plan A Sustainability Platform‹ nimmt Unternehmen an die Hand und beschreibt Schritt für Schritt, welche Daten sie benötigen, wo sie diese herbekommen und was sie mit den Erkenntnissen am besten anstellen. Hierfür berechnet die Plattform den CO_2-Fußabdruck auf Basis neuester wissenschaftlicher Standards und visualisiert das Emissionsprofil. Dieses zeigt anschaulich, wo die Emissionen am höchsten sind. Dort liegt dann meistens auch das größte Potenzial, die eigene Klimabilanz zu verbessern. Mehr als 1.000 Dekarbonisierungslösungen, Best Practices sowie unser Netzwerk aus Nachhaltigkeitsexperten helfen dann dabei, den eigenen Fußabdruck sukzessive zu verkleinern.

Eine erfolgreiche Dekarbonisierung setzt voraus, dass Nachhaltigkeit tief in der Unternehmens-DNA verankert wird.

Klingt einfach, ist es aber nicht. Denn eine von Erfolg gekrönte Dekarbonisierung setzt voraus, dass Nachhaltigkeit tief in der Unternehmens-DNA verankert wird. Nachhaltig zu wirtschaften muss ein integraler Bestandteil des Geschäftsmodells sein. Sonst wird das nichts. Und das beginnt im obersten Management. Die Gehälter und Boni der Führungskräfte sollten davon abhängen, wie gut sie die Dekarbonisierung des Unternehmens voranbringen. Auch können sie Richtlinien für ihre Mitarbeitenden – und sich selbst – ausgeben, vermehrt von zu Hause zu arbeiten, mit Bus und Bahn zur Arbeitsstätte zu fahren oder Geschäftsreisen zu reduzieren. Sie sollten außerdem ein offenes Ohr haben, falls der Wunsch nach mehr Nachhaltigkeit von Angestellten an sie herangetragen wird. Dafür bedarf es interner Ressourcen, um das Thema ernsthaft anzugehen.

Aber auch die Mitarbeitenden müssen ihren Beitrag leisten – unabhängig von den beziehungsweise inklusive der Richtlinien der Chefetage. Und unserer Erfahrung nach wollen sie das auch. Oftmals sind sie sogar die treibenden Kräfte im Unternehmen, die das Heft selbst in die Hand nehmen. Sie vermitteln anderen, warum das

Thema so wichtig ist und wieso jeder Beitrag zählt, von der Abfall-trennung über das Wassersparen bis hin zu komplexeren Themen.

Und als wäre das alles noch nicht genug, müssen Unternehmen sich auch mit ihren Zulieferern auseinandersetzen und diese in die eigenen Pläne einbeziehen. Je mehr Unternehmen dies beherzigen, desto größer der Netzwerkeffekt, umso stärker die positiven Aus-wirkungen aufs Klima.

> Für jede Reise gilt: Man sollte sie nicht zu lange vor sich herschieben.

All das verlangt Engagement, kostet Zeit, Geduld und Geld. Doch es lohnt sich. Nicht nur, um die immer strengeren Gesetze und Auflagen zu erfüllen. Sondern auch, um sich einen Wettbewerbs-vorteil zu verschaffen. Nachhaltigkeit macht Unternehmen effi-zienter, spart Kosten, bindet Mitarbeitende und verbessert den Ruf – was wiederum neue Käufergruppen anzieht. All dies ge-schieht nicht von heute auf morgen. Unternehmerische Nachhal-tigkeit ist eine Reise. Und wie für jede Reise gilt auch für diese: Man sollte sie nicht zu lange vor sich herschieben.

Was wir im Übrigen auch für uns selbst beherzigt haben. Um mit gutem Beispiel voranzugehen, haben wir bei Plan A ein eige-nes Sustainability-Team ins Leben gerufen, das unsere Nachhaltig-keitsziele definiert, verwaltet und steuert. Als ersten Meilenstein haben wir unsere CO_2-Bilanz für das Basisjahr 2021 offengelegt. Basisjahr deshalb, weil dieses ab sofort als Benchmark für all unse-re Fortschritte dienen wird. 44,29 t CO_2 sind der Ausgangspunkt. Daran werden wir uns in den nächsten Jahren messen lassen müs-sen und sehen, ob unsere Dekarbonisierungsmaßnahmen greifen. Falls nicht, heißt es für uns nachzujustieren.

Wir halten auch das ›B Corp Siegel‹, das als eines der renom-miertesten Zertifizierungen für Privatunternehmen gilt. Das Verfahren ist rigoros und verlangt Antworten auf mehr als 300 detaillierte Fragen zu Unternehmensführung, Arbeitnehmenden, Gemeinden, Kunden und Umweltauswirkungen. Wir halten uns also nachweislich nicht nur an strenge soziale und ökologische Standards, sondern zählen mit dem beim Audit erzielten Score bei der Unternehmensführung zu den besten fünf Prozent aller zertifizierten Unternehmen weltweit.

Gründen erfordert Mut, Entschlossenheit und eine kleine Portion Irrsinn.

All das erfüllt mich mit Stolz. Nichts davon hätte ich mir erträumen lassen, damals an Marokkos Küste. Es war sicher nicht der einfachste Weg, den ich gewählt habe. Wahrlich nicht. Sein altes, geordnetes Leben hinter sich zu lassen und sich ein neues in einem fremden Land aufzubauen, mit nicht viel mehr als einer Aspiration im Gepäck, erfordert Mut, Entschlossenheit und, wenn wir ehrlich sind, auch eine kleine Portion Irrsinn. Ich bin einen weiten Weg gegangen und musste viele Hürden nehmen, um Plan A zu dem zu machen, was es heute ist. Dabei hatte ich auf meiner gesamten Reise das Glück, Mentoren an meiner Seite zu wissen, die trotz ihres übervollen Terminkalenders Zeit fanden, mich in schwierigen und ungewohnten Momenten zu begleiten und zu beraten. Daher weiß ich, wie unschätzbar wertvoll der Rat Dritter ist und fungiere heute selbst als Mentorin. Ich kann jedem nur raten, Menschen zu treffen, sich ein starkes Netzwerk aufzubauen und vom Wissen und den Erfahrungen anderer zu profitieren.

Wir sind noch lange nicht am Ziel. Aber ich bin voller Zuversicht und freue mich auf die Abenteuer, die noch auf uns warten.

usercentrics

Boring is sexy

Mischa Rürup

STECKBRIEF

Name: MISCHA RÜRUP

Geburtsdatum: 13.08.1981

Geburtsort: Malsch

Ausbildung: Dipl.-Inf.-Wirt (TU) Karlsruhe

Ursprünglicher Berufswunsch: Chirurg

Erste Gründung im Alter von: 25

Fun Fact: Habe meinen Chef aus dem Praktikum später angestellt.

Beruf Vater: Arzt für Naturheilverfahren

Beruf Mutter: Ärztin für Naturheilverfahren

Vorbilder: Tony Stark aus Iron Man

Bester Tipp, den ich je bekommen habe: Go with the Flow!

Mein persönlicher Myth Buster: »Man muss Sachen ernst nehmen.« – Im Gegenteil! Je ironischer ich ein Thema nehme, desto besser funktioniert es.

Buch, das man gelesen haben muss: ›Thinking, Fast and Slow‹ von Daniel Kahneman

Die Firma usercentrics bietet eine *Consent*-Management-Platt-
form für Websites und Apps zur DSGVO-konformen Speicherung
von Userdaten. Nach intelliAd, einer Plattform für *Programmatic
Advertising*, ist es das zweite Unternehmen, das Mischa Rürup
gegründet hat. Seit der Gründung 2017 in München hat er mehr
als 27 Millionen Euro *geraist* und beschäftigt mittlerweile über
200 Mitarbeitende. Die Plattform kommt in 180 Ländern zum Einsatz und sammelt den *Consent* von circa 100 Millionen Usern pro
Tag. Außerdem agiert Mischa als *Business Angel* und Ideengeber
für andere Founder.

Dies sind die wichtigsten Learnings aus Mischas Founder's Story:

Dos:

– Standort wählen mit funktionierendem Ökosystem

– Das eigene Problem lösen statt das anderer

– Dem Gut-Feeling vertrauen, nicht Marktanalysen

– Die Sicht anderer auch mal komplett ignorieren

Don'ts:

– Firmensitz ohne ausreichend Platz für Wachstum wählen

– Direkt große Plattform bauen statt einzelner Features

– Trotz *VC*-Money wie ein *bootstrappt Start-up* agieren

– Persönliche Agenda der *Co-Founder* nicht kennen

Mischas
Founder's Story

Mit meiner ersten Company habe ich die *Ad Words*-Auktion von Google optimiert, wovon dort niemand wirklich begeistert war. Denn unsere Software hat die Marketingbudgets von Werbekunden deutlich effizienter eingesetzt und der Suchgigant dadurch weniger Geld verdient. Als Google ein ähnliches Tool namens DoubleClick kaufte, stand unseres sogar im direkten Wettbewerb dazu. Ich weiß aus sicherer Quelle, dass wir sie damit eine Zeit lang richtig genervt haben.

Mein aktuelles *Start-up* hingegen ist zertifizierter Partner desselben Konzerns und baut Lösungen, die er selbst nicht anbieten kann oder will. Doch meine Founder's Story über die Entwicklung vom parasitären Wettbewerber hin zum symbiotischen Miteinander zog sich über Jahre – um genau zu sein, zwei Jahrzehnte.

Schon während meines Informatikstudiums Anfang der 2000er am Karlsruher Institut für Technologie habe ich nebenher ein kleines Unternehmen gegründet. Heute würde man *Start-up* dazu sagen, damals wurde der Begriff noch nicht so inflationär verwandt. Derzeit betitelt sich ja jeder glutenfreie Bäcker oder vegane Bowl-Imbiss so. Doch für mich braucht ein *Start-up* eine auf Technologie basierende, disruptive Geschäftsidee mit hohem Wachstumspotenzial.

Heutzutage schimpft sich jeder glutenfreie Bäcker oder vegane Bowl-Imbiss Start-up.

Meine erste Idee damals war eine Art Tinder für Models und Fotografen – und der mit Abstand größte Teil des Traffics kam über Suchmaschinen auf die Website. Für alle, die nicht wissen, worüber ich rede: Stellt euch Websites wie das Alte Testament des Internets und Apps wie das Neue vor.

Um die Hauptquelle meines Traffics besser zu verstehen, wollte ich mein Pflichtpraktikum unbedingt bei einem der damals noch zahlreichen Suchmaschinenanbieter absolvieren. Dabei habe ich mich bewusst für eine der kleineren Firmen namens MIVA entschieden, weil ich hoffte, dort näher ans Geschehen zu kommen. Spoiler Alert! Der Plan ging aber so was von auf.

Mein Problem war zunächst jedoch, dass die Firma bis dato gar keine Praktikanten beschäftigte. Also habe ich eine Initiativbewerbung hingeschickt und den Geschäftsführer so lange bearbeitet, bis er mich genommen hat. Ihn habe ich später übrigens zu meinem ersten Mitarbeiter gemacht – aber dazu komme ich noch.

Ich betreute den Kunden Dildoking und gab ihm Tipps für seine Anal-Kampagne.

Bei MIVA wurde mir schnell klar, dass deren eigentliches *Business-modell* nicht Search, sondern *AdSense* war. Unter ihrer Haube hatten sie in Wirklichkeit einen Whitelabel-Anbieter namens FAST, der die Suchergebnisse lieferte. MIVA kaufte Traffic ein, um ihn mit Werbekunden zu monetarisieren. Davon durfte ich als Praktikant ein paar betreuen – allen voran Dildoking. Mein direkter Vorgesetzter machte sich einen Spaß daraus, mich genau diesen Kunden aus dem Großraumbüro anrufen zu lassen und ihm Optimierungstipps für seine Kampagne zu geben. Dabei stellte er das Telefon auf Lautsprecher, um mithören zu können. Das Gespräch werde ich mit Sicherheit niemals vergessen!

Noch eindrücklicher war nur mein persönlicher Kundentermin beim Gründer von Dildoking Raiko Spörck. Ein braungebrannter Typ mit Goldkette, der mit seiner Zigarre das gesamte Büro einnebelte. An den Wänden verteilt hingen Flipcharts mit kompletten Kampagnenstrukturen inklusive der Keywords. Der Raum hätte am Eingang dringend eine FSK-18-Kennzeichnung gebraucht. Das gesamte Setting machte ein konzentriertes Kundengespräch zu einer echten Challenge. Aber Raiko – der mittlerweile leider verstorben ist – hat Onlinemarketing wirklich ernst genommen. Das und die Anal-Kampagne haben bei mir einen bleibenden Eindruck hinterlassen.

Trotz oder gerade wegen dieser skurrilen Erfahrungen hätte ich die Zeit bei MIVA auf keinen Fall missen wollen. Derselbe Vorgesetzte, der mich auf Lautsprecher hatte telefonieren lassen und heute bei Google arbeitet, hat mir damals alles über das Search-Business beigebracht. Davon hat auch mein eigenes kleines *Start-up* profitiert, das ja selbst Suchmaschinenmarketing betrieb.

Fast wichtiger war jedoch, dass ich als Nächstes die Abteilung für Publisher durchlaufen habe, deren Websites Teil der Suchergebnisse waren. Die war räumlich von den Advertiser-Kollegen getrennt und der Austausch unter den Teams spärlich. Nur ich hatte als Einziger jemals zwischen den Abteilungen gewechselt.

Was mir schnell klar wurde, war, dass zwischen dem Preis für Trafficeinkauf und dem Erlös durch Werbung eine geringfügige Spanne lag – ähnlich wie bei den Kursen zum An- und Verkauf von Fremdwährung in Wechselstuben. Sobald man beide Seiten bediente, wurde aus dieser Differenz eine *Marge* und aus dieser wiederum mein neues *Businessmodell*. Ich hatte als einer der Ersten in der Branche das Arbitragemodell entdeckt und wurde so noch während meines Praktikums zum größten Kunden von MIVA.

Während des Praktikums wurde ich selbst zum größten Kunden meines Arbeitgebers.

Den *Proof of Concept (PoC)* erbrachte ich zunächst in mühsamer Handarbeit. Später programmierte ich einen Prototyp zur Automatisierung des Ganzen, der mir bald 5.000 Euro pro Tag ein- und meine Kreditkarte zum Glühen brachte. Denn um derartige Gewinne zu erwirtschaften, musste man ein Vielfaches an Umsatz drehen. American Express verlangte anfangs Vorauszahlungen von mir aus Angst, dass das Konto nicht ausreichend gedeckt sein könnte. Ganz nebenbei wurde ich so zum Meilen-Millionär und sammelte so viele Bonusmeilen, dass sämtliche Mitarbeitende meiner nächsten Firma zwei Jahre lang kostenlos fliegen konnten.

Mangelnder Fokus ist einer der Hauptgründe, warum Gründende scheitern.

Einer von den Meilen-Profiteuren war mein Kommilitone Tobias Kiessling, den ich ewig bearbeiten musste, damit er überhaupt einstieg. Aber nicht in irgendeinen Flieger, sondern als *Co-Founder*. Tobias bastelte damals an seiner eigenen Foto-App herum und machte ungern zwei Sachen parallel. An sich genau der richtige

Ansatz, denn mangelnder Fokus ist einer der Hauptgründe, warum *Start-ups* scheitern. Für mich war seine Einstellung in dem Moment allerdings ein Problem, weil ich ihn ja unbedingt an Bord holen wollte. Irgendwann hatte ich ihn dann so weit und wir legten los. Am Anfang gab es nur uns beide und ein paar Server. Die brachten uns bis zu 20.000 Euro Tageserlös ein und verrichteten schnurrend ihre Arbeit – wenn sie nicht gerade mal wieder abrauchten.

So wie an dem Morgen, als wir nach dem nächtlichen Launch neuer Kampagnen gegeneinander Tennis spielten und die Server unter der Last des zusätzlichen Traffics zusammenbrachen. Nur mithilfe von Tobis Nokia Communicator haben wir sie vom Tennisplatz aus wieder live geschaltet und das Match beendet. Ich bin mir relativ sicher, dass ich damals gewonnen habe, auch wenn Tobias etwas anderes behauptet.

Mit dem Geld und den Lufthansa-Meilen haben wir 2007 dann die Gründung unserer ersten Company namens intelliAd finanziert. Wir haben quasi die *Seed-Runde* aus eigener Tasche bezahlt und Wolf Fröhlich – den ehemaligen Chef von MIVA – angestellt. Unser erstes Büro in München war Office, Tobis Zuhause und Rechenzentrum zugleich. Die Kombination wurde immer dann problematisch, wenn Tobi nach einer langen Nacht am Rechner in Shorts aus seinem Zimmer kam und Kunden zu Gast waren. Richtig brenzlig – im wahrsten Sinne – wurde es einmal, weil er seine Klamotten im Serverraum verstaute, wodurch der Hauptserver zu heiß wurde und abbrannte. Da half sogar sein Nokia Communicator nicht mehr.

Ich würde heute von vornherein einen Unternehmenssitz mit ausreichend Platz für Wachstum wählen.

2010 nahmen wir das erste Mal Fremdkapital in Höhe von 500.000 Euro auf, bezogen neue Räumlichkeiten und wuchsen auf 18 Mitarbeitende. Doch bereits ein Jahr später wurde auch dieses Büro zu klein und wir mussten abermals umziehen. Nicht jedoch, ohne den Laden zuvor mit der bis heute legendären Move&Groove-Abrissparty auseinanderzunehmen. Von dem Gebäude stand danach buchstäblich nichts mehr, denn es wurde einige Tage später abgerissen. Obwohl das ein Riesenspaß war und es ein cooles Gefühl ist, die eigene Company wachsen zu sehen, würde ich heute von vornherein einen Unternehmenssitz mit ausreichend Platz für Wachstum wählen. Wer nicht davon überzeugt ist, dass er ihn künftig brauchen wird, kann das mit dem Gründen eigentlich auch gleich lassen.

Überhaupt ist der Standort des *Start-ups* ein nicht unwesentlicher Erfolgsfaktor. Eine zentrale Lage und öffentliche Anbindung sind gleichbedeutend mit einer guten Erreichbarkeit für die Mitarbeitenden. Nicht zu unterschätzen beim Werben um Talente – auch aus der weiteren Umgebung. Überhaupt ist die Attraktivität der Stadt mit ausschlaggebend dafür, ob Bewerber für einen Job umziehen. Ein kleines *Start-up* hat nicht unbedingt die stärkste Employer Brand. Da kann die Adresse durchaus den Unterschied machen. Am wichtigsten bei der Standortwahl ist jedoch ein vorhandenes Ökosystem bestehend aus Universitäten, Unternehmen und *VCs*. Diese sind gleichbedeutend mit Praktikanten, wie ich es einer war, Kunden oder *Corporate Partnerships* sowie Kapital. Standorte, die sich damit hervortun, sind zum Beispiel Berlin, München und zunehmend Heilbronn.

Der Standort des Start-ups ist ein nicht unwesentlicher Erfolgsfaktor.

Doch selbst die schönste Stadt macht noch kein erfolgreiches *Start-up*. Vielmehr ist das Wichtigste, dass es ein echtes Problem löst – und zwar am besten das eigene. Da werden viele widersprechen und behaupten, man müsse Lösungen für die Probleme seiner Kunden finden. Das ist nicht falsch, aber als Motivation oft nicht ausreichend. Wenn ich nicht persönlich betroffen bin, dann interessiert mich das Problem womöglich nicht genug, um 24/7 daran zu arbeiten.

In unserem Fall war es der enorme manuelle Aufwand des Suchwortmarketings – gern subsumiert unter dem Begriff ›Monkeywork‹ – des darauf fußenden Arbitragemodells. Die Automatisierung mithilfe von Software löste für uns schlicht das Problem, dass wir sonst zu wenig Zeit auf dem Tennisplatz hätten verbringen können. Intrinsische Motivation funktioniert immer am besten.

Außerdem hilft es manchmal, die Sicht anderer konsequent zu ignorieren. Dazu zähle ich auch *VCs*. Denn die geben gern wohlgemeinte Ratschläge, dass man sein *Start-up* doch auf ein wesentlich naheliegenderes *Businessmodell* trimmen sollte. Aber wenn es so offensichtlich ist, dann ist es im Zweifel schon besetzt und die Wahrscheinlichkeit, damit erfolgreich zu werden, geringer.

Manchmal hilft es, die Sicht anderer konsequent zu ignorieren.

Ein Founder muss seinem Gut-Feeling vertrauen und primär auf sich selbst hören. Haltet euch fern von Leuten, die immer nur ja-bern – eine Sonderform des Laberns mit »Ja, aber« in jedem zweiten Satz. Trotzdem kann der Austausch mit Personen, die das richtige Mindset haben, helfen. Daher habe ich mit der Geheimniskrämerei um meine Ideen irgendwann aufgehört und erzähle allen von ihnen, die sie hören wollen, und manchmal auch denen, die es nicht wollen. Vergesst *NDAs*! Die Execution – das Hinsetzen und konstante Arbeiten – ist das wahre Geheimnis des Erfolgs. Und das kann in den seltensten Fällen jemand Drittes für deine Idee leisten.

Außer vielleicht der deutsche *Company Builder* namens Rocket Internet, der in der Disziplin eine Zeit lang Weltmeister war. Das *Businessmodell* der als ›Klonschmiede‹ bezeichneten Firma bestand darin, Ideen aus den USA wie am Fließband zu adaptieren und als *Start-up* mit zentralisierten Funktionen sowie einheitlichen Strukturen in anderen Märkten umzusetzen. Legal, Personal, Buchhaltung, IT und Einkauf wurden von der Zentrale übernommen, damit sich die Gründer komplett auf ihr Kerngeschäft konzentrieren konnten.

Oliver Samwer, der *Co-Founder* und heutige CEO von Rocket Internet, war so etwas wie der Henry Ford der *Start-up*-Branche. Der hat das Auto auch nicht erfunden, sondern nur dessen Massenproduktion. Kaum anders als bei Elon Musk und den Elektroautos von Tesla. Mit diesem Ansatz entstehen zwar weder die individuellsten Autos – das Model-T konnte man in jeder beliebigen Farbe bestellen, solange es schwarz war – noch die innovativsten *Start-ups*. Dafür viele davon und nach dem Gesetz der großen Zahlen auch ein paar erfolgreiche. Doch damit sind wir wieder beim Thema Motivation. Als angestellter Gründer die Idee eines anderen umzusetzen würde zumindest bei mir nicht für die notwendige intrinsische Motivation sorgen.

»This is a feature, not a product.«
Steve Jobs

Neben der Belegschaft bauten wir ab 2008 auch unser Produkt weiter aus. Was in einem relativ simplen Feature zur Automatisierung von *AdWords*-Kampagnen seinen Anfang genommen hatte, wurde zunehmend zu einer Plattform. Von *Venture-Capitals* bekommt man als Begründung für Absagen oft zu hören: »This is a feature, not a product.« Aus meiner Sicht totaler Bullshit und angeblich die Aussage, mit der Steve Jobs Dropbox beleidigt hat, als er die Firma kaufen und in die iCloud integrieren wollte. Dropbox ist bis heute selbstständig und circa elf Milliarden US-Dollar wert.

Der große Wurf, eine umfassende Plattform aus dem Stand zu bauen, bedeutet einen enormen Aufwand, lange Entwicklungszeiten und ein hohes Risiko. Außerdem besteht die Gefahr, den User damit zu überfrachten – wie damals bei Google Wave. Die Mischung aus E-Mail, Chatprogramm und kollaborativem Arbeiten in Onlinedokumenten war schlicht zu viel auf einmal. Heute, fünfzehn Jahre später, ist das völlig normal und nennt sich Google Workspace. 2009 war Wave seiner Zeit schlichtweg voraus.

Einzelne Features zu entwickeln, geht hingegen schnell, genau wie deren *Proof of Concept*. Mit dem ersten zahlenden Kunden wird daraus ein Produkt, auf das man ein Business aufbauen kann. Ab diesem Zeitpunkt fügt man ergänzende Features hinzu und baut so langsam, aber sicher eine Plattform, deren ursprünglichen Kern User schätzen gelernt haben und bereit sind, dafür zu zahlen.

Bei uns folgte als Nächstes ein *Customer Journey Tracking*, mit dem Marketer besser verstanden, wo ihre Kunden herkamen und was sie auf ihrer Website trieben. 2013 entstand mit *Programmatic Advertising* das dritte Feature, aus dem bald ein Kernprodukt wurde. Damit wagten wir uns ins hochkompetitive Geschäft für Display Ads, was neues Know-how und enorme Serverkapazitäten benötigte.

Bürokratie, Reporting und langsame Entscheidungsfindungen passten nicht zur Mentalität eines Start-ups.

Dafür brauchten wir frisches Geld und holten es uns von einem unserer Kunden – der Deutschen Post. Die wollte intelliAd 2012 als strategisches Investment sogar komplett übernehmen. Eine damals unter uns Gründern durchaus kontrovers diskutierte Entscheidung. Da wir jedoch alle inklusive Wolfgang über das gleiche

Stimmrecht verfügten, kam es bei unseren Abstimmungen nie zu einer Pattsituation. Ich kann mich nicht mehr genau erinnern, wer damals wie gestimmt hat – und selbst wenn ich es wüsste, würde ich das Gegenteil behaupten. In diesem Fall stimmte eine Zweidrittelmehrheit für die Aufnahme von Verhandlungen.

Was ich jedoch mit Sicherheit sagen kann, ist, dass wir nie zuvor in unserem Leben so viele Leute mit gelben Krawatten getroffen haben. Im *Data Room* tummelten sich allein bis zu 70 Mitglieder des Akquiseteams der Gegenseite. Übrigens dieselben Leute, die zuvor die DHL-Akquisition durchgeführt hatten. Als die mit uns fertig und die Verträge unterschrieben waren, kamen die nächsten Krawattenträger von McKinsey. Nur waren deren Krawatten nicht gelb und aus Seide. Die hatten zwar keine Ahnung von unserem Business, aber viele Präsentationsfolien mit dämlichen Vorschlägen darauf. Einer davon bestand darin, den monatlichen Abrechnungszyklus von Festpreisprodukten auf 28 Tage zu verkürzen. Und das nicht nur im Februar. Die zwei beziehungsweise drei Tage, die wir uns dadurch sparten, sorgten automatisch für circa zehn Prozent mehr *Marge*. Allerdings verschob sich die Abrechnung mit jedem Zyklus um mindestens zwei Tage, sodass wir irgendwann am 17. und das nächste Mal am 15. des Monats die Rechnungen verschickten. Die Verwunderung bei den Kunden war entsprechend groß. Auf sowas Weltfremdes muss man erstmal kommen! Aber wenn man seine Company verkauft, sitzt man als Gründer nicht mehr im Driver Seat.

Trotz der 70 Leute und vieler weiterer lustiger McKinsey-Ideen konnten die ursprünglich angestrebten Synergien im Bereich digitaler Prospekte und Postwurfsendungen leider nie gehoben werden. Teil eines solchen Konzerns der Old Economy zu sein, der aus der Privatisierung der staatlichen Post hervorgegangen war, ging mit weiteren Problemen einher. Bürokratie, Reporting und langsame Entscheidungsfindung passten einfach nicht zur Mentalität eines *Start-ups*.

Zudem gab es Wettbewerber mit noch tieferen Taschen. Google hatte 2008 die AdTech-Firma DoubleClick für bislang beispiellose 3,1 Milliarden US-Dollar gekauft und damit die Eintrittskarte ins Display-Ad-Business gelöst. Der AdServer hatte damals ein weltweites Quasimonopol und mit der darauffolgenden Akquise von Invite Media bald auch eine integrierte Lösung für *Programmatic Advertising*. Statt jedes Produkt selbst zu entwickeln, ging Google auf Shoppingtour und kaufte sich seine Plattform bequem zusammen. Diese Technologie verordnete übrigens auch Rocket Internet all seinen *Start-ups* weltweit. Außerdem nutzen Advertiser wie Nestlé, Boss, MediaMarkt und die großen Agenturgruppen die Lösungen von DoubleClick. Sogar Kritiker und Frenemies wie Burda und Axel Springer hatten die Version für Publisher auf ihren Websites implementiert.

Ein Produkt jedoch, das Larry und Sergey eher aus Versehen mitgekauft hatten, war DoubleClick Search. Ein Meta-Tool, mit dem man nicht nur *AdWords*, sondern auch Bing- und Baidu-Kampagnen optimieren konnte. Meinen alten Arbeitgeber MIVA hingegen nicht, denn den gab es längst nicht mehr. Die beiden Gründer von Google wollten jedoch, dass ihre Kunden das *AdWords*-Interface nutzten, und haben die Weiterentwicklung von DoubleClick Search sträflich vernachlässigt. Eine Entscheidung, die sie später zwar revidierten, die für uns aber ein Segen war. Denn das gab uns ausreichend Zeit, um das Vakuum zu füllen, das ihr zunehmend veraltetes Tool bald hinterließ. Bis 2014 hatten wir circa 50 Prozent Marktanteil in Deutschland und DoubleClick nur noch drei. All das zeigt, wie wichtig Timing und die Wettbewerbssituation für ein *Start-up* sein können. Und es bestätigt meine vorherige Aussage, dass man manchmal gut daran tut, die Meinungen anderer zu ignorieren. Sogar, wenn es sich um so geniale Entrepreneure wie Larry Page und Sergey Brin handelt.

Leider haben sie ihre Auffassung später geändert – eine wichtige Charaktereigenschaft erfolgreicher Gründer, denn neue Erkenntnisse und Entwicklungen führen fast unweigerlich zu Änderungen in der Strategie. Eine Plattform für Online-Advertising ist schlicht nicht komplett ohne den Kanal ›Search‹ und gleichzeitig wurde Google die Abhängigkeit von Third-Party-Tools zu groß. Der direkte API-Zugriff zusammen mit der Bündelung signifikanter Teile des AdSpends gab Toolanbietern wie uns eine starke Verhandlungsposition, vergleichbar mit einem Großhändler gegenüber dem Hersteller. Nachdem Google den DoubleClick-Brocken verdaut und sämtliche Displaybestandteile nach eigenen Standards neu programmiert hatte, widmeten sie sich DoubleClick Search. Ähnlich wie bei ›Star Wars – The Empire Strikes back‹ wurden Rebellen wie wir bis in den letzten Winkel des AdTech-Universums vertrieben. Planet um Planet beziehungsweise ein Kunde nach dem anderen ging verloren. Aus den 50 Prozent Marktanteil waren vier Jahre später um die 20 Prozent geworden.

All das geschah jedoch nach dem Ausscheiden meiner *Co-Founder* und mir im August 2015. Seitdem ist Wolf mit seinem umgebauten Defender auf Weltreise. Tobi macht nur noch in Aktien und spielt wieder mehr Tennis. Nicht auszuschließen, dass er seine Trades vom Tennisplatz aus mit seinem alten Nokia Communicator ausführt. Ich brauchte also neue *Co-Founder* für mein zweites *Start-up.* Doch bevor ich von ihnen berichte, etwas inhaltlicher Kontext zu dem nächsten Unterfangen.

Wir sind mittlerweile richtig gut darin, die Innovationen anderer zu regulieren, statt selbst etwas zu erfinden.

Mit usercentrics haben wir uns einem Thema gewidmet, das auf den ersten Blick in etwa so sexy ist wie eine Haftpflichtversicherung. Und tatsächlich ging es um etwas Ähnliches: Datenschutz. Wir Europäer sind mittlerweile richtig gut darin, die Innovationen anderer zu regulieren, statt selbst etwas zu erfinden. Jüngstes Beispiel ist das Gesetz zur Regulierung *künstlicher Intelligenz*, zu der wir außer ein bisschen Grundlagenforschung wenig beigesteuert haben. Abgesehen natürlich von der Firma DeepMind, die jedoch schon vor Jahren von Google gekauft wurde und ihren Sitz in England hat, das die Europäische Union bekanntermaßen verlassen hat. Wenn wir nicht aufpassen, wird Deutschland bald wieder Exportweltmeister – allerdings in der Regulierung neuer Technologien und nicht in deren Entwicklung. Darin haben wir eine lange Tradition, denn schon kurz nach seinem Erscheinen im Jahre 1896 entpuppte sich das BGB als wahrer Exportschlager – sogar dem fernen Japan diente es als Grundlage.

Mit der Datenschutz-Grundverordnung (DSGVO) bahnte sich nach meinem *Exit* bei intelliAd etwas Vergleichbares an. Datenschutz ›Made in Germany‹ würde nicht nur für deutsche Firmen, sondern spätestens mit der Verabschiedung des Gesetzes auf europäischer Ebene im April 2016 für alle Unternehmen gelten, die in diesem Wirtschaftsraum tätig waren. Was lag da näher für andere Länder, als den Gesetzestext weitestgehend wortgleich zu übernehmen? So geschehen beispielsweise in Brasilien, Kenia, der Schweiz, Kalifornien und wieder einmal in Japan.

Für Betreiber von Onlinediensten bedeutete es, dass sie künftig die explizite Zustimmung beziehungsweise den *Consent* ihrer User brauchten, um deren Informationen in *Cookies* zu speichern. Der *Cookie*-Banner war geboren. Auch mein ehemaliger Wettbewerber Google erkannte die Notwendigkeit früh und machte die Suche in Europa nur nach Einwilligung in seine Datenschutzbestimmung nutzbar. Ich glaube, kein anderes Unternehmen auf der Welt hatte so schnell über 200 Millionen *Consents* eingesammelt. Nicht einmal usercentrics.

Eine Sache folgt der anderen wie von selbst, wenn man sich im *Start-up*-Ökosystem bewegt. Und so stellte mir ein Freund meinen künftigen *Co-Founder* vor, mit dem ich die Auswirkungen der anstehenden DSGVO-Gesetzgebung diskutierte. Bald wurden daraus nächtliche Whiteboard-Sessions, während derer wir zu einer technischen Lösung brainstormten. Gleichzeitig waren es Workout-Sessions, denn er war ein notorischer Sparfuchs und heizte seine Wohnung prinzipiell nie. Das taten ja schon seine Nachbarn über und unter ihm, was aus seiner Sicht völlig ausreichte. Wem die knapp zwölf Grad bei ihm zu Hause zu kalt waren, dem empfahl er, Liegestütze zu machen. Selten hatte ich solchen Muskelkater vom Brainstorming.

Gründen heißt für mich, im Flow zu bleiben.

Regelmäßig arbeiteten wir bis vier oder fünf Uhr morgens an unserer Idee, ohne nach etwaiger Konkurrenz Ausschau zu halten, geschweige denn eine ausführliche Marktanalyse durchzuführen. Ich bin absolut kein Fan der üblichen *Magic-Quadrant-* oder *Power-Grid*-Slides, die Seidenkrawattenträger so lieben. Die malt jeder Gründer ohnehin so, dass sie sein eigenes *Start-up* am besten aussehen lassen. Und selbst wenn es Konkurrenten gibt, heißt das noch lange nicht, dass sie erfolgreich sein werden. In unserem Fall war eher das Gegenteil das Problem.

Es gab nicht nur wenig Wettbewerb, sondern noch weniger Bewusstsein für die anstehende Herausforderung durch DSGVO im Onlinemarketing. Kein Entscheider der Branche hatte Bock auf das Thema. Ich kam mir vor wie ein Versicherungsvertreter, dessen Policen niemanden interessieren, obwohl sie jeder braucht. Ein klassisches Beispiel für ein Low-Involvement-Produkt, genau wie eine Haftpflichtversicherung. Zumindest so lange, wie der Datenschutzbeauftragte nicht vorbeischaut. Gleich einem Missionar zog ich durch die Lande, um die Ungläubigen in persönlichen Einzelgesprächen zu bekehren, doch niemand hörte mir zu. Das ging so weit, dass mir Paavo Spieker, der CEO von One Advertising, den Spitznamen ›*Consent*-Papst‹ verpasste. Spätestens da wurden mir zwei Dinge klar: Um zu skalieren, brauchten wir ein Produkt für den *Longtail* mit simpler Onlineregistrierung und eine echte Rampensau für die Missionierung des Marktes. Auftritt Lisa Gradow.

Wer sie einmal erlebt hat, weiß, welch rhetorische Urgewalt sie sein kann. Wenn man als *Start-up* einen Markt bedient, der erst in der Entstehung ist, muss man sogenanntes *Market-Making* betreiben. Mit ihrem juristischen Background und selbstbewussten Auftreten war Lisa wie gemacht für diese Aufgabe. Als Chief-Evangelist tourte sie die Bühnen einschlägiger Branchenevents, um ein Bewusstsein für das Thema zu schaffen. Wie an Fastnacht ging sie in die Bütt und warf statt Kamelle *Cookies* in die Menge. Gleichzeitig schürte sie die Angst vor dem Jüngsten Gericht beziehungsweise vor den drohenden Geldbußen von bis zu zehn Millionen Euro oder zwei Prozent des weltweiten Jahresumsatzes nicht DSGVO-konformer Unternehmen. usercentrics war quasi im Datenschutz-Ablasshandel tätig und das war schon im Mittelalter ein überaus einträgliches Geschäft. Irgendwann meldeten sich sogar große Firmen wie der ADAC über das Portal selbst bei uns an. Doch solche Enterprise-Kunden haben Sonderwünsche, benötigen White-Label-Lösungen und verlangen nach *Service-Level-Agreements (SLAs)*. Außerdem erwarten sie Support, wenn das Produkt noch Bugs hat. Und davon hatten wir anfangs so viele, wir hätten gut und gern drei Kammerjäger in Vollzeit beschäftigen können.

An der Stelle muss ich nochmals auf den nahezu krankhaften Sparzwang meines *Co-Founders* zurückkommen. Selbst nachdem wir 2018 erfolgreich Geld *geraist* hatten, bestand er darauf, weiterhin mit indischen Entwicklern für vier Euro die Stunde zu arbeiten. Das war selbst für indische Verhältnisse wenig und dementsprechend niedrig war deren Qualität. Ich kann mich noch erinnern, dass wir mal über 40 Cent bei einem Geburtstagsgeschenk diskutiert haben. Er konnte schlicht nicht umschalten von *bootstrappt* auf *VC*-Modus. Er war ohnehin der Meinung, dass eine effiziente Firma kein Fremdkapital bräuchte. Allerdings hatten mittlerweile andere Wind von dem Thema bekommen und die ersten Wettbewerber entstanden. Das Land Grabbing war im vollen Gange und wenn wir eine möglichst große Parzelle ergattern wollten, mussten wir uns beeilen. Statt auf Cashflow und EBITA zu achten, standen plötzlich Geschwindigkeit, Wachstum und *ROI* an oberster Stelle.

Dazu muss man verstehen, woher der Begriff *Venture-Capital* stammt. Das Wort hat seinen Ursprung im Walfang, als Walfangschiffe auf monatelange Reise – sogenannte Ventures – gingen. Das waren riskante Unternehmungen, von denen nicht alle heil zurückkehrten. Wenn sie jedoch mit den Schiffsbäuchen voll Walfleisch und Lebertran im Hafen einliefen, klingelte es in der Kasse. Den Geldgebern dieser Expeditionen waren die Gefahren durchaus bewusst, doch die Aussicht auf astronomische Gewinne schlicht zu verlockend. Dementsprechend verteilten sie ihr Kapital zur Risikostreuung auf mehrere Schiffe – genau wie Fonds ihr Geld nicht nur in ein *Start-up* investieren. Dieser geschichtliche Kontext ist übrigens selbst in der Branche den wenigsten bekannt – ein Fun Fact, mit dem man schwer beeindrucken kann.

Man sollte die persönliche Agenda seiner Co-Founder vorher kennen.

Doch mein *Co-Founder* wollte seine Firma am liebsten ohne Investierende bauen und anscheinend noch lieber ohne Kunden. Zumindest weigerte er sich partout, mit ihnen zu sprechen – sogar als der *CTO* von Zalando mit ihm telefonieren wollte, weil das Produkt nicht wie vereinbart funktionierte. Seine Sperrigkeit haben auch die Geldgeber zu spüren bekommen. In den quartalsweisen Board Meetings wollte er sich nicht dazu herablassen, seine

Roadmap zu präsentieren. So haben ihn die *VCs* zunehmend infrage gestellt. Wer zahlt, schafft an und wenn einem große Teile des Schiffes gehören, kann man durchaus mal den Maschinisten auswechseln. Obwohl sie dafür einen der *Business Angel* vorgeschickt haben, kam es im Rahmen des ersten *Vestings* auf ihr Betreiben hin zu einer Beendigung der Zusammenarbeit mit meinem *Co-Founder*. Auch Lisa hat uns wenig später verlassen, um andere Schwerpunkte in ihrer Karriere zu setzen. Daraus habe ich gelernt, dass man die persönliche Agenda seiner *Co-Founder* vorher kennen sollte. Wollen sie eine langfristige Cashcow bauen oder einen *Exit* – und wenn ja, in wie viel Jahren? Braucht jemand gleich Gehalt, um seinen Lebensunterhalt zu bestreiten, oder kann er sich eine Zeit lang über Wasser halten? Darüber hatten wir uns im Vorfeld nicht ausreichend abgestimmt. Als wir Risikokapital aufgenommen hatten, wollte es mein *Co-Founder* nicht ausgeben. Auf meine Frage hin, warum wir dann überhaupt *geraist* hätten, entgegnete er: »Sag du es mir!«

Das zeigt, dass Gründen zu zweit ein Problem sein kann. Denn wenn man sich nicht einigen kann, passiert im Zweifel nichts. Trotzdem hat man im Endeffekt eine Entscheidung getroffen – nämlich etwas nicht zu tun. Oder es laufen Dinge, die dringend geändert werden müssten – zum Beispiel Entwickler für vier Euro pro Stunde einzusetzen –, einfach weiter. Auch beim Board plädiere ich deswegen immer für eine ungerade Mitgliederzahl, damit es dort zu keinem Entscheidungsstau kommt.

Bei uns kam dann erstmal das Tal der Tränen. Kunden akzeptierten das Produkt nicht, der restliche Markt zweifelte an seinem Nutzen. Aber ich als Gründer war weiterhin davon überzeugt. Es war, als laufe man durch eine Wüste und sieht die Oase bereits am Horizont. Doch während du wie besessen darauf zuhältst, geht dir langsam, aber sicher das Wasser beziehungsweise das Geld aus. Irgendwann setzen die Halluzinationen ein. Der Gedanke kommt, dass man nur ein anderes Produkt bauen muss, um es bis zur Oase zu schaffen. Doch damit verwässert man lediglich seine ohnehin schon knappen Ressourcen. Und das ist nun wirklich das Letzte, was man in so einer Situation tun sollte. Marketing benötigt plötzlich zwei Kommunikationsstrategien, der Vertrieb ist hin und her gerissen und die Engineers sind überfordert – insbesondere, wenn man ihnen nur vier Euro die Stunde zahlt. Stattdessen sollte man lieber das Vorhandene feinschleifen, bis der *Product-Market-Fit* stimmt.

Vielleicht klappt man dabei zusammen oder rennt in Wirklichkeit einer Fata Morgana hinterher. Doch ich bin davon überzeugt, dass man seiner Intuition folgen und gegen den Strom schwimmen sollte – selbst in einer Wüste.

Dabei kommt man nicht umhin, Stimmen zu ignorieren. Intern wie extern. Wie hat es Henry Ford einmal so treffend formuliert?

> »If I had asked people what they wanted, they would have said faster horses.« *Henry Ford*

Umfragen für ein neues Produkt und zu Zahlungsbereitschaft dafür sind nahezu nutzlos. Auch internen Stimmen sollte man nicht immer Beachtung schenken. Irgendwann haben bei usercentrics Ex-McKinsey Berater gearbeitet. Auch ohne Seidenkrawatten haben sie schicke Charts vollgemalt, aber blieben damit auf einer sehr abstrakten Ebene. Umsetzung hatten sie als Berater ja nie gelernt.

Etwas anders lief es mit einem Mitarbeiter, den wir direkt von Google kommend eingestellt haben. Eine besondere Genugtuung, wenn man bedenkt, dass es bei intelliAd noch andersrum lief. Damals hat DoubleClick in bester FC-Bayern-Manier unsere größten Talente abgeworben. Jürgen Weichert war nicht nur ein ausgewiesener Experte im *Channel-Sales* und hat unser Reselling-Business aufgebaut, sondern war auch ein MMA-Enthusiast. Das erste Team-Offsite, das er veranstaltete, fand in dem Dojo statt, in dem er trainierte – inklusive Sparring. Mich hat er gegen einen Entwickler antreten lassen, der noch vor jeglichem Körperkontakt mit Tränen in den Augen das Handtuch warf. Jürgens erster Hire war sein Trainingspartner. Ein Zweimeterhüne, der jeden Kunden allein durch sein Auftreten zur Unterschrift gebracht hätte. Irgendwann mussten wir Jürgen ein wenig ausbremsen, um aus usercentrics keine Kampfschule werden zu lassen, und haben uns als Kompromiss auf ein Sponsoring des Dojos geeinigt.

Einer meiner ersten Hires bei usercentrics war unsere Happiness-Managerin Kitti. Ihr Job war es, die Mitarbeiter glücklich zu machen. Denn abgesehen vom attraktiven Standort München, einem unsexy Produkt und einem vergleichsweise schmalen Gehalt hatten wir ihnen nicht viel zu bieten. Unsere Employer Brand war bestenfalls neutral. Als wir in ein neues Büro umzogen, hat Kitti es erstmal komplett umdekoriert. So neu war es im Übrigen gar nicht, denn es handelte sich tatsächlich um das alte intelliAd-Büro in der Sendlinger Straße. Die giftgrünen Wände hat sie mit goldenen Tapeten überzogen und für 20.000 Euro eine Küche mit langer Tafel eingebaut. Dort durfte sie sich komplett austoben und hat täglich für das Team gekocht. Vielleicht haben wir ihr auch etwas zu viel Freiheit gelassen, denn nach Smoothies am Morgen und vegetarischen Mittagessen hat sie ab 15:00 Uhr Longdrinks und Prosecco am Platz serviert. Ihre monatlichen Themenabende wurden bald legendär und sind regelmäßig in wilde Partys ausgeartet. Ich erinnere mich an arabische Nächte, asiatische Abende und Kochen für Singles, aus denen mindestens drei fest Pärchen inklusive usercentrics-Babys hervorgegangen sind. Auch öffentliche Flohmärkte fanden in unseren Räumlichkeiten statt, die junge potenzielle Mitarbeitende angezogen haben. Das war *Employer Branding* pur. Es sprach sich schnell herum, dass wir uns um unsere Mitarbeitenden kümmerten. Dass wir das digitale Äquivalent von Haftpflichtversicherungen verkauften, war nebensächlich.

Ich würde es unter ›Emotional Hiring‹ subsumieren, denn wirklich keiner hat sich wegen unseres Produkts beworben.

Genau wie mit dem MMA haben wir es vielleicht auch mit dem Emotional Hiring etwas übertrieben. Nachdem wir für die Partys ein DJ-Pult und völlig überdimensionierte Boxen angeschafft hatten, schaute ständig die Polizei vorbei. Und als eine Nebelmaschine hinzugekommen war, die Feuerwehr. In der Sendlinger Straße gibt es nur sehr wenige private Wohnungen. Eine davon lag schräg gegenüber unseres Büros und dessen Bewohner hat uns immer wieder wegen Lärmbelästigung angezeigt. Eines Abends stand er selbst vor der Tür, um sich unseren illegalen Nachtclub einmal anzuschauen. Kitti begrüßte ihn in ihrer unnachahmlichen Art mit einem leckeren Longdrink und bat ihn herein. Trotzdem wollte er ihren Manager sprechen. Als sie sagte, das sei Mischa Rürup, wurde er schnell still. Wie sich herausstellte, war er mein Patentanwalt. Kitti lud ihn zum nächsten Themenabend ein und ich traf ihn irgendwann sturzbetrunken in unserer Showküche, wo er beinahe vom Stuhl gefallen wäre. Erst als ich ihn überrascht fragte, was er hier mache, habe ich von der Vorgeschichte erfahren. Er gestand mir, dass er es an sich cool fand, was wir machten und dass er selbst zwei Nachtclubs in Augsburg betrieb. Er kam dann regelmäßig – genau wie die Polizei.

Einmal war ich gerade am Auflegen, es muss die fünfte oder sechste Party mit über 200 Gästen gewesen sein, die Nebelmaschine lief auf Hochtouren, ich spielte ein Lied, das eher in die Räumlichkeiten von Dildoking gepasst hätte, als die Leute auf der Tanzfläche grüne Blinklichter aktivierten. Cooler Effekt dachte ich mir und war sicher, dass Kitti ihre Finger im Spiel gehabt hatte, bis eines der Lichter ganz dicht an mich herankam und ich in eine Bodycam starrte. Die Polizei hatte mit zwanzig Mann unsere Party infiltriert und alles auf Videos festgehalten. Nicht, dass dank der Nebelmaschine viel zu erkennen gewesen wäre – trotzdem war die Party zu Ende. Mein Versuch, mich als engagierter DJ aus der

Affäre zu ziehen, funktionierte leider nicht und so stand ich wenig später unten auf der Straße zwischen einem Dutzend Einsatzfahrzeugen und musste mich als Verantwortlicher erklären. Das Surreale dabei war, dass mir der Polizist aufzählte, die wievielte Party das nun schon sei und er jedes Motto kannte. Es fehlte nur noch, dass er sich um eine Stelle bei uns bewarb. Außerdem hielt er mir vor, was ich für schmutzige Lieder spielen würde, woraufhin sich sein junger Kollege ein Kichern nicht verkneifen konnte. Darüber gerieten die beiden so in Streit, dass ich für den Moment aus der Schusslinie war. Schließlich kam mein Freund und Anwalt herunter und erklärte, dass sein Mandant keine weiteren Aussagen machen würde.

Nicht nur wegen der ausgefallenen Partys ging uns langsam das Geld aus und wir mussten abermals *raisen*. Der amerikanische *VC* Full-in kam an Board und setzte erstmal ein paar zusätzliche Segel. Die Geschwindigkeit, mit der Amerikaner Entscheidungen treffen und Themen vorantreiben, ist erstaunlich. Sie analysierten unser Business und legten den Finger in die Wunde. Wir waren gut aufgestellt bei Großkunden, doch beim Self-Service hatten Wettbewerber die Nase vorn. Einer davon war Cookiebot aus Dänemark. Full-in schlug vor, dass wir uns mal mit dessen Gründer Daniel Johannsen austauschen sollten. Während eines Treffens in Kopenhagen wurde schnell klar, dass sowohl unsere Firmen als auch unsere persönlichen Agendas gut zusammenpassten. Daniel hatte Cookiebot bereits 2012 gegründet und war gewillt, den Großteil seiner Anteile zu verkaufen, um seine Schäfchen ins Trockene zu bringen. Ohne dass wir es wussten, beteiligte sich Full-in auch an Cookiebot und schlug einen Merger vor.

Zunächst war ich irritiert, weil ich hinter ihren Absichten einen Abtrage-Deal vermutete, bei dem sie sich zwischen Kauf- und Verkaufspreis eine *Marge* sichern wollten. Da war ich durch mein Praktikum bei MIVA wohl zu voreingenommen. Denn bald lernte ich, dass Investierende auch Wert stiften können. Zuvor waren *VCs* für mich gleichbedeutend mit Geld und Mehraufwand im Reporting und beim Stakeholder-Management. Gerade deutsche Investierende sind gut im Jabern. Natürlich wären die Anteile unserer Alt-Investoren im Zuge des Mergers verwässert und somit war ihre erste Reaktion: »Ja, aber könnt ihr das nicht selbst bauen?« Konnten wir, hätte jedoch lange gedauert und uns unheimlich viel Zeit gekostet. Schlussendlich hat Full-in den Merger durchgedrückt und aus 1 + 1 = 3 gemacht. Mit einem Schlag wurden wir Europas größte *Consent*-Management-Plattform und ein Global Player mit realistischer Aussicht auf *Unicorn*-Status. Sicher auch einer der Gründe, warum wir jüngst als Default-CMP im Google Ad Manager integriert wurden. Schon lustig, wenn man bedenkt, dass ich meine Gründerkarriere als deren Konkurrent begonnen habe. Keine Ahnung, was nach usercentrics kommt, aber ich freue mich bereits auf den Moment der weißen Leinwand beziehungsweise des leeren Whiteboards – nur diesmal bitte nicht bei zwölf Grad.

Inclusive Tech

Closing the Diversity Gap in Tech

Mina Saidze

STECKBRIEF

Name: MINA SAIDZE

Geburtsdatum: 10.03.1993

Geburtsort: Hamburg

Ausbildung: Volkswirtin

Ursprünglicher Berufswunsch: Gangster-Rapperin

Erste Gründung im Alter von: 14

Fun Fact: Ich habe eine der erfolgreichsten Schülerzeitungen Deutschlands gegründet.

Beruf Vater: Jurist

Beruf Mutter: Sozialarbeiterin und Übersetzerin

Vorbilder: Shirin David, Oprah Winfrey

Bester Tipp, den ich je bekommen habe: Immer danach fragen, wenn du etwas willst. Denn niemand kann deine Gedanken lesen.

Mein persönlicher Myth Buster: »Du kannst nur gründen, wenn du genug Eigenkapital hast.« – Blödsinn, dafür gibt es Förderprogramm und *VCs*

Buch, das man gelesen haben muss: FairTech – Digitalisierung neu denken für eine gerechte Gesellschaft von Mina Saidze ;-)

Mina Saidze ist eines von drei Kindern afghanischer Einwande-rer. Nachdem ihr Vater bei einem Verkehrsunfall verstorben war, wuchs sie mit ihren Geschwistern bei ihrer alleinerziehenden Mut-ter als Halbwaise in Hamburg auf. Sie ist die erste Frau in ihrer Fa-milie mit einem Universitätsabschluss und ein Musterbeispiel für gelungene Integration. Heute ist sie froh, nicht immer ins Bild ge-passt zu haben und selbst ein Störfaktor im Datensatz gewesen zu sein. Big Data ist eine ihrer beruflichen Passionen und Grundla-ge für ihr Expertinnenwissen im Bereich der *künstlichen Intelligenz (KI)*. Als Kind afghanischer Einwanderer ist es ihr ein persönliches Anliegen, den Diversity Gap in der Tech-Industrie zu schließen und dafür zu sorgen, dass *KI*-Technologien inklusiv, vorurteilsfrei und ethisch entwickelt werden.

Hier die wichtigsten Dos und Don'ts aus ihrer Founder's Story:

Dos:

- Angst vor dem Fremden in Neugierde für das Unbekannte umwandeln
- Dem Angestelltenverhältnis nachgehen und parallel gründen

Don'ts:

- Störfaktoren eliminieren, um ein möglichst homogenes Bild zu erhalten
- Markennamen nicht dahingehend prüfen, ob dieser bereits eingetragen und geschützt ist

Minas
Founder's Story

Dass ich heute diese Zeilen schreibe, verdanke ich allem voran dem Mut meiner Eltern. Anfang der 1990er-Jahre fassten sie den Entschluss, vor dem Krieg in Afghanistan zu fliehen und einen neuen Heimathafen in Hamburg anzusteuern. Damals suchten sie in der Bundesrepublik Deutschland eine Zukunft, in der sie ihren Traum verfolgen konnten. Heute leben meine Geschwister und ich den deutschen Traum unserer Eltern: Selbstverwirklichung, Freiheit und Gerechtigkeit.

Es ist okay, nicht ins Bild zu passen.

Dennoch fühlte ich mich als Tochter von Einwanderern oft wie ein Ausreißer im Datensatz, da ich nicht ins Bild des neuen Deutschlands passte. In der Schule hatte ich es nicht immer leicht, was die Akzeptanz anging – der unaussprechliche Nachname, die alleinerziehende Mutter mit Akzent und die unvorteilhaften Klamotten. Damals hatte ich nicht die Fähigkeit zu artikulieren, dass mir Rassismus oder Klassismus widerfuhren. Nicht selten spürte ich das Gefühl der Ohnmacht, da ich dieser Ungerechtigkeit keinen Ausdruck verleihen konnte. Sprache ist Macht und befähigt uns, auch diese Problematik im System zu adressieren. Deshalb bin ich zu der Person geworden, die ich heute bin, und tue, was ich tue. Sonst wäre mir das Privileg verwehrt geblieben, diese Zeilen zu schreiben, die hoffentlich viele Menschen in unserem Land erreichen, um für ein Umdenken zu sorgen.

Heute bin ich froh, dass ich nicht immer ins Schema hineingepasst habe. Denn es hat mir gezeigt, dass es okay ist, nicht ins Bild zu passen. Auch in Datensätzen gibt es statistische Ausreißer. Das ist normal. Die Frage ist, wie man damit umgeht. Eliminiert man einen Ausreißer als Störfaktor, um ein möglichst homogenes Bild zu erhalten? Oder belässt man ihn, um das Phänomen zu verstehen – und am Ende ein vollständigeres und womöglich interessanteres Bild zu bekommen? Ich habe gelernt, dass man nirgendwo reinpassen muss und trotzdem seinen Weg gehen kann. Schon früh habe ich mich für neue Erfindungen interessiert und wollte den Dingen auf den Grund gehen. Meine innere Wut wandelte sich in den Antrieb, eine eigene Stimme zu finden, um Ungerechtigkeiten in unserer Gesellschaft zu adressieren.

Mit meiner Geschichte möchte ich Menschen zeigen, dass sie es mit Verstand, Herz und einer ordentlichen Portion Mut ebenfalls schaffen können. Denn eine gerechte Gesellschaft, in der Chancengleichheit auf sämtlichen Ebenen herrscht, ist eine, die für alle besser ist.

Meine zwei Geschwister und ich sind in der schönsten Stadt der Welt aufgewachsen: Hamburg. Als Kinder der ersten Zuwanderergeneration sind wir drei begeistert von den Möglichkeiten, die uns die Digitalisierung bietet. Meine Schwester arbeitet als Softwareentwicklerin für ein Hamburger IT-Unternehmen, mein Bruder hat bereits mit 15 Jahren seinen ersten Hackathon in Norddeutschland gewonnen und ich bin eine mehrfach ausgezeichnete KI- und Datenexpertin, Gründerin und Autorin.

Doch bis heute wirkt in meiner Familie nach, dass der Juraabschluss meines Vaters hierzulande nicht anerkannt wurde und meine Mutter, schwanger mit mir, ihr Studium abbrach, um vor dem Bürgerkrieg in Afghanistan zu fliehen. Angekommen in Deutschland mussten sie bei null anfangen. Mein Vater schlug sich als Gemüsehändler auf dem Wochenmarkt durch. Später hielt er sich als Sicherheitsmann über Wasser und fasste schließlich den Entschluss, sein eigenes Unternehmen zu gründen – Import und Export von Autos. Er wollte endlich unabhängig sein und sein Schicksal selbst in die Hand nehmen. Wenig später verstarb er bei einem tragischen Verkehrsunfall und ich wurde mit 16 Jahren zur Halbwaise. Meine Mutter sorgte sich fortan allein um meine Geschwister und mich und fing an, als Übersetzerin und Sozialarbeiterin zu arbeiten.

Wandelt die Angst vor dem Fremden in Neugierde für das Unbekannte um.

Meine Familie hat mir wichtige Werte vermittelt, die meine Arbeit in der Tech-Branche bis heute nachhaltig prägen und mich auch zum Gründen motiviert haben. Meine Eltern waren schon agil, bevor es ein Modewort war. Angekommen in Deutschland befanden sich beide in einem neuen Umfeld. Die christliche Religion war ihnen fremd. Genau deshalb besuchten sie eine Kirche – um das Christentum zu verstehen. Bei ihrem ersten Gottesdienstbesuch lernten sie, dass Jesus ein Freigeist war, der sich tapfer den Herrschern widersetzte.

Ihre Angst vor dem Fremden hatte sich in Neugier für das Unbekannte gewandelt. Genau diese Einstellung ist nötig, um die Digitalisierung voranzutreiben: Veränderung sollte als Chance begriffen werden, um Neues zu lernen – und nicht zu Angst führen, den Status quo zu verlieren. In der Tech-Branche ist Agilität eine wichtige Eigenschaft, um erfolgreich neue Geschäftsmodelle, Märkte und Produkte zu entwickeln. Ohne es zu wissen, waren meine Eltern zu Trendsettern geworden.

Auch haben sie mir gezeigt, dass es nie zu spät ist, neue Wege einzuschlagen. Innovative Technologien, neuartige Berufsfelder, Globalisierung, das Leben in fremden Ländern oder Kulturen – die Welt entwickelt sich unabdingbar weiter. Nur durch einen kontinuierlichen Lernprozess war es meinen Eltern möglich, ihre Ziele zu erreichen. Sie wollten eine bessere Zukunft für mich und meine jüngeren Geschwister und, was noch wichtiger ist, dasselbe Recht auf Bildung wie Jungs – weil sie verstanden haben, dass Wissen dazu beitragen kann, die Welt zu verbessern.

Ich bin die erste Frau in meiner Familie, die ein Stipendium erhalten und einen Universitätsabschluss erlangt hat. Mittlerweile lehre ich an einer Universität als Dozentin für Data Analytics.

Meine Familiengeschichte hat mich zeitlebens inspiriert. Das ist einer der Gründe, warum ich Inclusive Tech gegründet habe: um den Status quo in der Tech-Branche herauszufordern.

»In a gentle way, you can shake the world.« *Mahatma Gandhi*

Zuvor legte ich diesen Weg zurück: Nach meinem Abitur absolvierte ich ein Freiwilligenjahr bei einer Lobbyorganisation für erneuerbare Energien in Tansania. Danach studierte ich Sozialwissenschaften an der Humboldt-Universität zu Berlin und merkte schnell, dass mich Statistik weitaus mehr interessiert.

Also wechselte ich zur Volkswirtschaftslehre, weil ich die Welt der Wirtschaft auf makroökonomischen Level verstehen wollte. Daraufhin durfte ich Deutschland beim offiziellen G8- und G20-Jugendgipfel in St. Petersburg und London vertreten und an einem Kommuniqué mitwirken, welches der deutschen Regierung vorgelegt wurde.

Als Stipendiatin der Heinrich-Böll-Stiftung und Medientrainee durchlief ich Stationen bei der Deutschen Welle, Radio Bremen und der taz, die tageszeitung.

> »Without data, you are just another person with an opinion.« *William Edwards Deming*

Ich wollte in der Lage sein, Probleme zu erkennen und Phänomene zu verstehen. Deshalb habe ich mir selbst das Programmieren beigebracht und mich auf Big Data Analytics spezialisiert. Durch viel Disziplin und Leidenschaft ist mir der Quereinstieg als Data Analyst in führenden Medien- und Technologieunternehmen gelungen. Während mir dies Anerkennung einbrachte, wurde mir gleichzeitig klar, dass ich als Frau und Person of Color in dieser Branche eine Ausnahme bin – sei es im Büro, bei Meet-ups oder auf Konferenzen.

> »Innovation & Technology is born from Diversity.« *Mina Saidze*

Außerdem wurde ich bei meiner Arbeit mit großen Datenmengen auf das Problem der Datenverzerrungen und gesellschaftliche Auswirkungen von *künstlicher Intelligenz* aufmerksam, was mein Interesse an *KI*-Ethik und Diversity in Tech weckte. Ich wollte mich diesen Themen mehr widmen, musste jedoch feststellen, dass es keinen Ort gab, an den ich mich mit meinen Anliegen wenden konnte.

Angetrieben von der Idee, mein Leben sinnvoller zu gestalten und anderen zu helfen, gründete ich im März 2020 Inclusive Tech, Europas erste Lobby- und Beratungsorganisation für Diversity in Tech. Wir setzen auf Awareness, Education und Community. Hier bieten wir Beratungsdienstleistungen, Eventmanagement, Content-Marketing und vieles mehr an.

Das Besondere an meiner Founder's Story ist, dass ich während des ersten Lockdowns nebenberuflich gegründet habe. Für mich war die Pandemie der Wendepunkt in meinem Leben. Anfang März 2020 habe ich mich aus dem Hamsterrad befreit. Täglich ins Office fahren, meine Arbeit erledigen und wieder nach Hause kommen – dieser Rhythmus wurde durchbrochen. Draußen herrschte Chaos und genau darum konnte ich endlich zur Ruhe kommen.

Ich nahm mir die Zeit, in die Introspektive zu gehen und festzustellen, was mich persönlich – auch außerhalb des Jobs – erfüllt. Ich weiß nicht, ob ich ohne die Pandemie heute da stehen würde, wo ich bin. Diese Selbstfindung war für mich ein ganz wichtiger Prozess: mich nicht nur mit dem Arbeitgeber und dem Mitarbeiterverhältnis zu identifizieren, sondern darüber hinaus eine gewisse Autonomie zu entwickeln.

> Es wird viel zu selten über die Möglichkeit gesprochen, dem Angestelltenverhältnis nachzugehen und parallel zu gründen.

Doch es war alles andere als ein Zuckerschlecken. Meine Mittagspausen, Abende, Wochenenden und leider auch viele Urlaubstage sind dieser Mission zum Opfer gefallen. Oft wird in den Medien dargestellt, wie Studierende während des Studiums gemeinsam gründen oder ihre Festanstellung an den Nagel hängen, um voll auf Risiko zu setzen. Es wird fast nie über die Möglichkeit gesprochen, dem Angestelltenverhältnis nachzugehen und parallel zu gründen. Als Part-Time-Entrepreneurin hatte ich genug Zeit, einen *Product-Market-Fit* zu identifizieren und Erfahrungen in der Kundenakquise und im Projektmanagement zu sammeln. Das hat mir auch viel Druck genommen – sei es in kürzerer Zeit schnell zu skalieren oder Investierende zufriedenzustellen. Nicht jeder Gründer möchte auf Hypergrowth setzen und nach wenigen Jahren einen *Exit* hinlegen. Es gibt viele Founder, die sich für Impact und gesellschaftliche Verantwortung statt Profitmaximierung und Skalierung entscheiden.

Ich bin pragmatisch an meine Gründung herangegangen. Ich habe zunächst eine UG gegründet, denn es muss nicht immer eine GmbH sein, für die ein Stammkapital von 25.000 Euro erforderlich ist. Die üblichen Ein-Euro-UG-Witze sollte man einfach an sich abperlen lassen. (Doch sogar ich kann sie mir manchmal nicht verkneifen.)

Viele zerbrechen sich am Anfang den Kopf über die Rechtsform ihres *Start-ups*. Egal ob UG, GmbH, GbR, gUG oder gGmbH, alle haben ihre Vor- und Nachteile. Rückblickend hätte ich mich lieber für eine gUG oder gGmbH entschieden, da unsere Arbeit sowohl einen gemeinnützigen Charakter hat als auch eine kommerzielle Dienstleistung umfasst. Ergo: Ich bräuchte eigentlich zwei Rechtsformen für die unterschiedlichen Geschäftsfelder, was jedoch mit doppeltem Aufwand – sei es administrativ, finanziell oder personell – einhergehen würde.

Drum prüfe den Markennamen, wer sich Klagen ersparen will.

Ein weiterer Fehler, den ich rückblickend gemacht habe, war, den Markennamen nicht dahin gehend zu prüfen, ob er bereits im

Marken- und Patentamt eingetragen und geschützt war. Zuvor hießen wir ›European Women of Data‹, was mir rasch eine Klage einbrachte, die mich mehr als anderthalb Jahre beschäftigte. Denn ich wurde von zwei einflussreichen Geschäftsmännern aus Großbritannien verklagt, welche sich ›Women of Data‹ als Marke hatten schützen lassen.

Sie waren aufgrund meiner medialen Präsenz unter anderem bei Forbes, im Tagesspiegel und im Fernsehen auf unsere Arbeit aufmerksam geworden. Für die Verletzung ihrer Markenrechte verlangten sie einen Schadenersatz in Höhe einer sechsstelligen Summe, die für eine soziale Aufsteigerin wie mich ohne finanzielles Backing aus dem Elternhaus eine Menge Geld war. Umso dankbarer bin ich meinem Netzwerk, das mir den Kontakt zu einer Großkanzlei vermittelt hat, welche sich dem Fall pro bono annahm. Ich bin zwar mit einem blauen Auge davongekommen, musste aber ein Rebranding vornehmen, das heißt, einen neuen Markennamen finden und entsprechend kommunizieren. Ich machte aus der Not eine Tugend, da ich mich ohnehin nicht nur auf Frauen in Tech beschränken, sondern auch Diversity und *KI*-Ethik abdecken wollte.

> Wir brauchen mehr junge Menschen, die sich während der Schulzeit mit dem Gründen auseinandersetzen und Deutschlands Erfindergeist wiederbeleben.

Was ich aus diesem Schlamassel gelernt habe, ist, vorab Markennamen in der Datenbank des Deutschen Marken- und Patentamtes zu recherchieren. Inzwischen kann ich in wenigen Minuten Marken schützen lassen, berate Dritte und junge Gründende, wie der Prozess funktioniert. Solch ein eigentlich trivialer Fehler ist schon manch einem Gründerteam unterlaufen, für das die Konsequenzen allerdings weitaus verheerender waren.

Froh um das Learning macht es mich gleichzeitig auch wütend. Warum lerne ich so etwas nicht in der Schule? Statt nur binomische Formeln und Deutschaufsätze runterzuschreiben, sollten wir mehr junge Menschen dazu animieren, sich bereits während der Schulzeit mit dem Gründen auseinanderzusetzen und so Deutschlands Erfindergeist wiederzubeleben. Eine Organisation, die dies im Auftrag der Regierung übernimmt, ist ›Jugend gründet‹, bei der Schülerinnen und Schüler lernen, wie man einen *Businessplan* schreibt und die eigene Idee überzeugend pitcht. In Baden-Württemberg kann man die Teilnahme an ›Jugend gründet‹ sogar ins Abitur einfließen lassen, aber sonst – bisher – leider in keinem anderen Bundesland.

Wir brauchen einen Wirtschaftsboom, der fest in der digitalen Welt verankert ist – ›Tech made in Germany‹.

Wenn wir nicht die digitale Infrastruktur der Zukunft liefern und die neusten *KI*-Errungenschaften nicht von uns stammen, wofür steht unsere Nation in dieser neuen Weltordnung überhaupt noch? Für das Auslaufmodell des über Jahrzehnte inkrementell verbesserten Dieselmotors – zumindest solange die illegale Betrugssoftware unentdeckt bleibt? Wann haben wir uns in Deutschland mit einer Neugründung in der IT-Branche zuletzt einen Namen gemacht? Außer SAP, dem IT-Unternehmen, das Anfang der Siebzigerjahre gegründet wurde, fällt mir da wenig ein. Wo zum Teufel bleibt unser deutscher Erfindergeist, der uns einmal ausgezeichnet hat? Dieser erstreckte sich einst von der Entwicklung des ersten benzinbetriebenen Automobils bis hin zur Beteiligung an Raumfahrttechnologie und Fortschritten in erneuerbaren Energien. Nicht zu vergessen die wegweisenden Entdeckungen in der Grundlagenforschung in Chemie, Physik und Medizin. Doch diese Erfolge sind lange her. In keinem anderen Jahrzehnt haben deutsche Wissenschaftler jemals wieder so viele naturwissenschaftliche Nobelpreise gewonnen wie in den Nullerjahren – aber in denen des 19., nicht des 20. Jahrhunderts. Das sagt doch einiges über die Innovationskraft unseres Landes aus.

Tatsächlich entstehen bereits die ersten neuen deutschen Erfolgsgeschichten wie die von Personio, Celonis oder Zalando – auch wenn sie auf internationalem Parkett eher die Ausnahme als die Regel bilden.

Viele *Start-ups* stellen sich die Frage des *Product-Market-Fits* und wie sie ihre ersten Kunden finden. Ich war da ziemlich schmerzbefreit und machte einfach, ohne zu viel nachzudenken. In Windeseile schrieb ich ein Pitch Deck herunter, kontaktierte Deepa Gautam-Nigge, die im Topmanagement bei SAP *Start-up*-Partnerschaften verantwortet und im Aufsichtsrat eines namhaften Risikokapitalgebers sitzt. Sie gab mir direkt und schonungslos Feedback, auf dessen Basis ich die Slides entsprechend überarbeitete. Danach ging es schon auf Kundenjagd. Das bedeutete Kaltakquise, der unangenehme Teil, über den niemand reden möchte. Auf LinkedIn posten alle nur ihre tollen Geschäftszahlen, Cases mit Lighthouse-Kunden oder sonstige Erfolgsgeschichten. Aber wie sind sie dazu gekommen? Das Zauberwort heißt: Vertrieb. In Deutschland werden Verkäufer gern als Klinkenputzer verschmäht, während sie in Amerika wie Rockstars gefeiert werden. Denn egal wie gut dein Produkt ist: Wenn es keiner kauft, ist es nutzlos. So fasste ich all meinen Mut zusammen und schrieb zahlreiche Manager in Führungspositionen unterschiedlicher Organisationen an, denen ich von meiner Mission erzählte und unsere Dienstleistungen vorstellte.

Manchmal braucht es nur einen Menschen, der an dich glaubt.

Es gab viele, die auf den Outreach nicht reagierten. Und diese Durststrecken sind manchmal entmutigend. Dennoch blieb ich von meiner Idee überzeugt. Und tatsächlich: Die erste Person, die mir antwortete, war Constanze Osei, die zu dem Zeitpunkt die Abteilung für Society & Innovation Policy bei Meta leitete. So wurde der erste Kunde von Inclusive Tech einer der größten Tech-Konzerne der Welt. Manchmal braucht es nur einen Menschen, der an dich glaubt – und das war zu dem Zeitpunkt Constanze, die mich von Anfang an begleitet hat. Bald wurden weitere Personen auf meine Begeisterung und meine Mission aufmerksam, obwohl das Konzept noch in den Kinderschuhen steckte. Und die Fähigkeit, Emotionen in Menschen auszulösen, ist etwas, was einem keine Schule oder Universität beibringt. Es ist Lebenserfahrung und Menschenkenntnis, welche ich durch emotionale Achterbahnfahrten, Schicksalsschläge und Selbstbehauptung in einem gebrochenen System gesammelt habe.

Einen großen Teil meines Erfolges verdanke ich LinkedIn.

Durch eine namhafte Referenz wie Meta war es einfacher, andere Kunden von uns zu überzeugen. Meine mediale Präsenz und starke Personal Brand haben ebenfalls dazu beigetragen, dass Firmen wie Yelp, Intel oder IBM auf mich zukamen.

Einen weiteren großen Teil meines Erfolges verdanke ich LinkedIn, das sich zunehmend zu einer Business-Creator-Plattform entwickelt hat. Während der Pandemie stiegen deren Userzahlen exponentiell, insbesondere in der DACH-Region. Menschen konnten nicht mehr zu Konferenzen fahren und vor Ort netzwerken. Und so avancierte eine der uncoolsten Social-Media-Plattformen zum wichtigsten digitalen Ort, um potenzielle Leads zu generieren und Kundenbeziehungen durch Social Selling aufzubauen.

Sichtbarkeit bedeutet für mich vor allem Emanzipation – das Aufbrechen alter Strukturen und Hierarchien.

Viele meiner Ansprechpartner in Organisationen, mit denen ich zusammenarbeite, sind mir zuvor jahrelang auf Social Media gefolgt. Als der Zeitpunkt für die Wahl einer Speakerin, Content-Marketing-Partnerin oder Beraterin kam, fiel diese dann häufig auf mich. Deswegen ist Sichtbarkeit eine der wichtigsten Währungen für angehende Gründende, um im Relevant Set zu sein, wenn Bedarf entsteht. Selbstvermarktung wird oftmals verpönt, da sie manchmal an Narzissmus grenzt. Was ist aber, wenn wir dem Thema mit einer positiven Einstellung begegnen? Sichtbarkeit bedeutet für mich vor allem Emanzipation – das Aufbrechen alter Strukturen und Hierarchien. Und eine Stimme zu haben. Besonders wenn man nicht darum gebeten wird, sich an einen Tisch zu gesellen.

Und ich bin auf meinem Weg in die Öffentlichkeit durchaus strategisch vorgegangen. Zunächst habe ich mir die Frage gestellt, mit welchen Themen ich mich positionieren möchte. Das war relativ schnell klar: Big Data und *künstliche Intelligenz*, weil dort meine fachliche Expertise liegt. Hier verfüge ich über Referenzen auf höchster Führungsebene. Ein weiteres Thema ist eine persönliche Herzensangelegenheit: Diversity in der Tech-Industrie. Über alledem liegt das Meta-Thema Demokratie. Wie können wir selbst gesellschaftliche Teilhabe verwirklichen und Verantwortung dafür tragen, dass *künstliche Intelligenz*, Big Data und Technologie für alle zugänglich werden? Die Symbiose all dieser Themen gehört zu meiner Vision.

Im nächsten Schritt habe ich festgestellt, dass das Medium, mit dem ich mich am wohlsten fühle, das Schreiben ist. Ich habe in der Vergangenheit auch journalistische Stationen absolviert. Beispielsweise habe ich einen Gastbeitrag für ein Magazin geschrieben und diesen zuvor selbst in der Redaktion gepitcht. Dabei ging es um meine persönliche Biografie. Was habe ich als Kind von Migranten über Tech gelernt? Eine Hommage an meine Eltern.

Es war mir zudem wichtig, den richtigen Kanal für mich zu finden. Was mich an LinkedIn gereizt hat, ist, dass dort noch so viel Potenzial vorhanden war und ist. Hier kann man organisch wachsen und die Plattform ist nicht primär auf visuelle Ästhetik getrimmt, sondern auf die Qualität des Contents. LinkedIn hat einen professionellen Charakter und dort tummelt sich meine Zielgruppe – von Young Professionals über Studierende bis hin zu Entscheidungsträgern aus Politik, Wirtschaft, Medien und Gesellschaft.

Nachdem die Entscheidung für Themen, Medium und Plattform gefällt war, kam die Sache ins Rollen. Und dieses Vorgehen soll Mut machen. Denn schnell entsteht eine Art Dominoeffekt, der mit einem ersten Gastbeitrag beginnt, der wiederum zur Einladung für einen Podcast führt und daraus dann eine – oder mehrere – Anfrage für einen Vortrag auf der Bühne folgt. Eine Gelegenheit folgt der nächsten. Der so generierte Mediawert ist nicht zu unterschätzen. Aber ein erster Schritt muss getan werden, sonst bleibt es beim Stillstand und nichts kommt ins Rollen.

Vor allem für junge Menschen ist es so wichtig, dass sie über ihr eigenes Sprachrohr verfügen.

Es ist wohl ein europäisches Phänomen und ein sehr deutsches im Speziellen, dass man erst über sein Angebot spricht, wenn es final und perfekt ist. In Amerika ist die Mentalität eine andere. Dort werden User und Kunden mit auf die Reise der Produktentstehung genommen. Wäre ich so verfahren, wie es in Deutschland üblich ist, würde ich heute noch im stillen Kämmerlein meinen *Businessplan* schreiben.

Vor allem für junge Menschen ist es so wichtig, dass sie über ihr eigenes Sprachrohr verfügen. (Voraussichtlich) Niemand anderes wird das für sie tun. Gründende ohne Vitamin B und ohne goldenen Löffel im Mund benötigen dringend eine eigene Stimme und Identität.

Nicht nur ich und meine LinkedIn-Kontakte sehen mich mit Inclusive Tech als Pionierin, sondern auch das Manager Magazin, das mich als eine der »führenden *KI*-Vordenkerinnen Deutschlands« bezeichnete. Da ist es schon beinahe eine Genugtuung, wenn große Unternehmen in ihren Posts ›Women in Data‹ promoten und dafür meine Tags und Wordings kopieren. Das passiert ziemlich oft. Ich war nun mal eine der Ersten im deutschsprachigen Raum, die sich klar zu Diversity in Tech und *KI*-Ethik positioniert haben. Zuvor war es doch eher ein Nischenthema, das erst mit der Zeit Einzug in den Mainstream gefunden hat und von dort ins andere Extrem umschlug.

Neben einer eigenen Stimme spielen Auszeichnungen ebenfalls eine große Rolle in der Start-up-Welt.

Daher habe ich mich vor einiger Zeit an einer Anfrage an die Bundestagsparteien beteiligt, in der wir eine Stellungnahme dazu forderten, wie wir ein inflationäres Buzzword-Bingo vermeiden. ›Diversity in Tech‹ wird ja gern für *Employer Branding* und Social Responsibility genutzt. Dabei geht es mir vor allem darum, wie man inklusive Tech-Teams baut und Technologien entwickelt, die eben nicht bestimmte Menschengruppen ausgrenzen. Der erste Schritt ist immer Awareness und der zweite ist Education. Beides bieten wir an, indem ich Vorträge für Stiftungen, Vereine und Unternehmen halte. Der nächste Schritt ist, dass meine Kunden die Best Practices nachhaltig umsetzen.

Neben einer eigenen Stimme spielen Auszeichnungen ebenfalls eine große Rolle in der *Start-up*-Welt. Die Krönung für junge Founder bleibt ein Platz auf der berühmt-berüchtigten Forbes 30-Under-30-Liste – obwohl diese dank Aufschneidern wie der Theranos-Gründerin Elizabeth Holmes oder FTX-Gründer Sam Bankman-Fried mittlerweile hinter vorgehaltener Hand auch als ›Hall of Shame‹ bezeichnet wird. Denn diese beiden äußerst ambitionierten Menschen haben sich nicht nur einen Platz auf der Liste, sondern wenig später auch einen im Gefängnis gesichert.

Es gibt viele Fragen rund um dieses sagenumwobene Ranking. Und mir wurde sogar neulich auf den Zahn gefühlt, wie viel Geld ich in die Hand genommen und welche PR-Agentur dafür gesorgt hätte, dass ich es in die Top 30 geschafft habe. Nichts von beidem trifft zu.

Es gibt drei Möglichkeiten, auf die Liste zu kommen: Entweder man bewirbt sich selbst, jemand Drittes nominiert einen oder das Forbes-Team kommt auf die Person zu. Selbst im letzteren Fall ist das keine Garantie dafür, dass man auf der Liste landet. Denn die Redaktion stellt lediglich die Nominierungsliste zusammen und leitet sie an eine unabhängige Jury weiter. Personen können sich übrigens jedes Jahr bewerben – zumindest solange sie unter 30 sind.

Die Forbes 30-Under-30-Liste besitzt weiterhin internationale Strahlkraft.

Was muss man leisten, um auf die Liste zu kommen? Weder Krebs heilen noch auf dem Mars landen. Aber alle Träger dieses Titels haben eines gemeinsam: eine starke Botschaft, mit der die Menschen etwas anfangen können. Das kann eine bedeutsame Veränderung in einer Branche oder die Motivation für die Gründung eines eigenen *Start-ups* sein. Man muss also weder Millionär noch Celebrity sein, sondern jemand mit einer großen Leidenschaft für ein Thema.

Eine andere Frage, die mir häufig gestellt wurde: »Und wie ist es so, auf der Forbes 30-Under-30-Liste zu sein?« Ehrlich gesagt war das kein Life-Changing-Event. Ich bin immer noch derselbe Mensch, erledige meine Einkäufe selbst und bringe den Müll runter. Trotzdem bin ich wahnsinnig glücklich, dass ein renommiertes Wirtschaftsmagazin wie Forbes unsere Arbeit gewürdigt und als wichtiges Thema anerkannt hat. Zudem haben wir damit zwei spannende Zielgruppen – die Gründerszene sowie die Führungsriege etablierter Unternehmen – erreicht. Entscheider, die am Hebel der Macht sitzen. Gleichzeitig wurden jüngere Menschen mit Interesse an Innovation, Wirtschaft und Gesellschaft auf uns aufmerksam.

Die Forbes 30-Under-30-Liste besitzt weiterhin internationale Strahlkraft. Leider glauben manche, solche Auszeichnungen würden aus dem Nichts kommen. Dabei vergessen viele, dass ich zuvor bereits im Tech-Bereich tätig war und einen Background in Medien und Politik habe. Anschließend habe ich einen Weg gefunden, meine unterschiedlichen Erfahrungen und Talente zu kombinieren, und bin dafür ausgezeichnet worden. Letzteres merkt man auch schnell beim Networking. Plötzlich sind Leute an einem interessiert, nur weil man irgendwelche Auszeichnungen bekommen oder mediale Bekanntheit erlangt hat. Man wird auf einmal ernster genommen und zu wichtigen Anlässen eingeladen. Selbst in elitären Kreisen kann man sich dadurch immer noch hervorheben und so macht es in der Wahrnehmung einen echten Unterschied. Aber es gibt auch Menschen, die nicht Teil dieser Bubble sind und die einen genauso wie zuvor behandeln.

Ich finde es bedauerlich, dass unsere Gesellschaft so auf Prestige und Auszeichnung getrimmt ist. Es gibt zahlreiche Hidden Talents, die sichtbarer werden sollten. Ich sehe da eine Verantwortung bei mir als Migrantin, junge Menschen zu unterstützen, die eine ähnliche Geschichte oder Herkunft haben. Die Forbes-Redaktion fragte mich nach weiteren Underdogs für ihre Liste – nicht nur bio-deutsche *Start-up*-Millionäre. Ich habe daraufhin mehrere statistische Ausreißer empfohlen, die exzellente Arbeit leisten und diese Sichtbarkeit verdienen.

Aber es gibt kein Licht ohne Schatten. Das war für mich ein Lernprozess. Ich war am Anfang extrem überfordert. Bei einem Artikel gab es auch Hasskommentare. Bei einem anderen Gastbeitrag, der eine relativ große Reichweite hatte, haben Männer wirklich unschöne und grenzüberschreitende Anwürfe geschrieben und mir sogar mit Gewalt gedroht. Einige davon musste ich blocken. Später kam noch eine weitere Ebene dazu, sodass ich beschlossen habe, solche Einlassungen gar nicht mehr zu lesen.

Während eines Speaking Gigs gab es jemanden, der den Chat mit hasserfüllten Kommentaren flutete. Ich musste souverän reagieren und ergreife mittlerweile präventive Maßnahmen. Inzwischen vereinbare ich vorher, dass Kommentare komplett deaktiviert oder erst gelesen werden, bevor sie freigeschaltet werden. Das halte ich für extrem wichtig. Sicher, konstruktive Kritik bleibt stehen, um darüber zu diskutieren. Wenn sie jedoch grenzüberschreitend ist, Bezug nimmt auf Äußerlichkeiten, Herkunft oder Geschlecht, dann wird sie gelöscht, die Verfasser blockiert und die Profile gemeldet. Zudem informiere ich Veranstalter vorab über meine Erfahrungen und bitte bei digitalen Events um vorherige Registrierung, damit sich niemand anonym einloggen kann. Die Schattenseiten der Öffentlichkeit sollten thematisiert werden. Wir leben in einer Zeit der Polarisierung. Gerne wird ein Narrativ der jungen Frau versus alter weißer Mann gesponnen. Das muss nicht sein.

In meinen Augen ist Sichtbarkeit am Ende des Tages Selfcare, um persönliche Prioritäten zu setzen, die eigene Agenda zu bestimmen und den richtigen Themen Gewicht zu verleihen. Mein Vorbild und größte Inspirationsquelle hierfür ist Shirin David. Wir sind beide als Migrantenkinder und mit alleinerziehenden Müttern in sozialen Brennpunkten Hamburgs aufgewachsen.

Und ich habe viel von ihr gelernt, wenn es um Storytelling und Öffentlichkeitsarbeit geht.

Ihr Song ›Ja, ich darf das‹ ist ein gelungenes Beispiel dafür, warum Sichtbarkeit für Frauen so wichtig ist, um sich zu emanzipieren. Meine Lieblingszeile aus dem Song: »Ich kann das, nur ein kleiner Ratschlag: Kein Mann dieser Welt macht dich zum Star, Schatz.« Wir Frauen müssen uns proaktiv darum bemühen, mit unseren Herzensthemen sichtbar zu sein.

Und ihr Song ›Bramfeld Storys‹ ist ein Meisterwerk, wenn es um Storytelling geht. Hier sind folgende Zeilen für mich wahnsinnig prägend: »Frauen in meinem Business waren niemals im Vorteil. Doch ich zog an der Industrie einfach vorbei. (...) Damit ihr versteht, wie sehr sie dich testen, stehst du einmal im Spotlight. (...) Only German rap, bitch, on the Forbes List, Bitches.«

Genauso wie im Deutschrap müssen wir das Game in unserer Branche neu definieren, um uns erfolgreich zu etablieren – sei es mit Female Empowerment im Deutschrap oder Diversity in der Tech-Industrie. Und der Erfolg gibt sowohl Shirin David als auch mir recht.

FlixBus

**Work hard and be
nice to People**

Daniel Krauss

STECKBRIEF

Name: DANIEL KRAUSS

Geburtsdatum: 24.10.1983

Geburtsort: Arnsberg

Ausbildung: Diplom-Wirtschaftsinformatiker

Ursprünglicher Berufswunsch: Pilot

Erste Gründung im Alter von: 21

Fun Fact: Ich habe schon fünf Mal den Führerschein abgegeben.

Beruf Vater: Psychologe

Beruf Mutter: Stewardess/Vorstandsassistentin

Vorbilder: Mein Großvater, Heinz Dürr

Bester Tipp, den ich je bekommen habe: Mach immer, was dir Spaß macht, dann wirst du auch gut darin sein.

Mein persönlicher Myth Buster: »Man braucht jede Menge eigene Busse, um ein globales Busunternehmen aufzubauen.« – Falsch! Einer reicht!

Buch, das man gelesen haben muss: ›Humanocrazy‹ von Gary Hamel und Michele Zanini

Das Unternehmen, das mittlerweile unter dem Namen Flix firmiert, wurde von Daniel Krauss zusammen mit seinen *Co-Foundern* André Schwämmlein und Jochen Engert 2012 in München gegründet. Es bietet nachhaltige und smarte Mobilität mithilfe von Fernbussen, Zügen und vor allem einer umfangreichen Softwareplattform.

Flix beschäftigt mittlerweile 5.500 Mitarbeitende, operiert in 43 Ländern und expandiert dieses Jahr (2024) nach Indien. Seit 2021 hat das *Start-up Unicorn*-Status und wird aktuell (Mai 2024) mit über drei Milliarden Dollar bewertet. Hier die wichtigsten Tipps aus Daniels Founder's Story:

Dos:

- Chancen wahrnehmen, wenn sie sich bieten und richtig anfühlen
- Eine ungerade Zahl an Gründenden vereinfacht die Entscheidungsfindung
- Nach dem *Paretoprinzip* verfahren und mit 80 Prozent starten
- User-Feedback bei Produktentwicklung berücksichtigen

Don'ts:

- Kern der eigenen Wertschöpfung outsourcen
- *Exit* als alleinige Motivation für die Gründung
- Beim *Businessmodell* nicht ehrlich zu sich selbst sein
- Mit schlechter Laune durch die Gänge laufen

Daniels
Founder's Story

Ich arbeite schon immer gern mit Menschen und wollte deswegen ursprünglich Erzieher werden. Kaum alt genug habe ich Jugendgruppen in Zeltlagern betreut und Volleyballmannschaften trainiert. Denn mit zwei linken Füßen schieden Fußball und eine Profikarriere bei meinem Heimatverein 1. FC Nürnberg, ›der Glubb‹, definitiv aus. Doch leider musste ich feststellen, dass es selbst nach fünf Jahren Ausbildung quasi unmöglich ist, eine Familie von diesem Beruf zu ernähren. Erzieher schied also ebenfalls aus. Und das Einzige, was ich bis dato mitgegründet hatte, war ein Verein für LGTBIQ+-Kultur. Deswegen kam ich nach der Schule auch nicht auf die Idee, ein Unternehmen zu gründen.

Allerdings habe ich bereits mit 15 Jahren neben der Schule bei Siemens gejobbt. Manch eine Lehrkraft würde womöglich behaupten, dass ich eher nebenher zur Schule gegangen bin.

Denn ich war damals ein recht resolutes Kerlchen, das Probleme mit Obrigkeiten hatte – und zwar auf allen sechs Schulen, die ich durchlief. Rein rechnerisch also nicht unwahrscheinlich, dass es auch ein wenig an mir gelegen hat.

> Das Einzige, was ich bis dato
> mitgegründet hatte, war ein Kulturverein.

Wirtschaftsinformatik habe ich dann eher aus Zufall studiert und weil ich von meinem Umfeld dazu inspiriert wurde. Bei Siemens habe ich schnell festgestellt, dass sämtliche Kollegen, die an spannenden Projekten arbeiteten, ein Studium abgeschlossen hatten. Bereits als kleines Kind hatte ich hin und wieder mit dem Registraturcomputer in der Firma meines Stiefvaters herumgespielt. Der grüne Monochrombildschirm und der grotesk laute Trommeldrucker zogen mich damals magisch an. Mit elf Jahren schenkte mir mein Onkel einen PC mit Windows 95. Das war sozusagen meine persönliche Mondlandung – und so bin ich zwar kein Astronaut, aber immerhin Informatiker geworden. Auch wenn die Fachhochschule Ansbach in Mittelfranken es vielleicht nicht mit Stanford in Kalifornien aufnehmen kann, bestand das Studentenleben dort zumindest aus wenig Vorlesungen und viel Feiern und war damit genau nach meinem Geschmack. Womöglich war sie deswegen auch die erste Bildungseinrichtung, an der ich nicht mit dem Lehrkörper aneinandergeraten bin.

> Chancen sollte man wahrnehmen, wenn
> sie sich bieten und sich richtig anfühlen.

Am Ende des Studiums habe ich die Diplomarbeit noch mit Siemens geschrieben, doch mein erster Job war bei der Firma

Marquardt, bei der ich zuvor ein Praktikum absolviert hatte. Sie baten mich, ihre IT-Abteilung in Detroit aufzubauen. Wieder nicht Kalifornien, aber trotzdem eine Gelegenheit, die ich nicht verpassen wollte. Wie sich später herausstellte, eine äußerst wichtige berufliche Station für mich, da die Firma Zulieferer für die Automobilindustrie war. Deren *Businessmodell* bestand daraus, Software für die Old Economy zu entwickeln, was die FlixBus-Story recht treffend zusammenfasst. Ein bisschen mehr gibt es darüber schon zu berichten, dazu komme ich später.

Chancen sollte man dann wahrnehmen, wenn sie sich bieten und sich richtig anfühlen. Ich bin kein großer Fan davon, die eigene Karriere bis ins Detail zu planen – sonst ist man im Zweifel zu unflexibel und festgelegt. Das war ich damals höchstens bei meiner Beziehung, auch wenn das hieß, dass ich meine Freundin während des Aufenthalts in den USA nur ungefähr alle sechs Wochen sehen konnte. Dafür ist sie heute meine Frau, mit der ich zwei wunderbare Kinder habe.

Ein paar Jahre später holte mich ein Studienfreund zu Microsoft, was im Übrigen zeigt, wie wichtig das persönliche Netzwerk im Berufsleben ist. Denn das sorgte letztlich auch dafür, dass ich mein erstes Unternehmen gründete. Mit André Schwämmlein, den ich aus der Schule und dem Volleyballverein kannte, hatte ich während des Studiums eine kleine Firma namens KS IT-Consulting hochgezogen. Weder war der Firmenname sonderlich kreativ noch das Beratungsmodell hochgradig skalierbar, sodass wir die Firma vor unserem Berufseinstieg abgewickelt und den Kundenstamm verkauft haben. Nicht gerade ein fetter *Exit*, aber eine wertvolle Erfahrung und ein kleiner Testrun für die Zukunft. Seitdem war André und mir zumindest klar, dass wir später Unternehmer werden und – Achtung, Wortspiel! – etwas bewegen wollten.

Wir haben viele Ideen gesponnen, darunter die obligatorischen Stricksocken, aber auch diverse Onlineshops und eine Beratung für Mittelständler. Allerdings suchten wir ein Geschäftsmodell, das wir durch Digitalisierung nicht nur inkrementell, sondern fundamental verbessern konnten. Während zahlreicher konspirativer Treffen in der newsBar in München nahe dem Büro der Boston Consulting Group, bei der André damals arbeitete, haben wir zusammen mit seinem Kollegen Jochen Engert stundenlang gebrainstormt.

Wir suchten ein Geschäftsmodell, das wir durch Digitalisierung nicht nur inkrementell, sondern fundamental verbessern konnten.

Meine Mutter und manche Freunde waren zunächst ziemlich skeptisch wegen unserer Gründungsfantasien. Wir waren ja keine Unternehmer, sondern hatten gut bezahlte Jobs in renommierten Firmen. Allerdings waren das goldene Hamsterräder in amerikanischen Konzernen, bei denen man außerhalb der USA eher stupide abarbeitet, was die Zentrale vorgibt, statt selbst zu denken. Wie hat es Arnold Schwarzenegger bei den Simpsons mal so treffend formuliert?

»Die ham mi gewöhlt, um zu lenken, ned, um zu denken.«
Arnold Schwarzenegger bei den Simpsons

Wo kam also der unternehmerische Drive her? Bei mir war es auf jeden Fall das familiäre Umfeld. Mein Onkel hatte mehrere Unternehmen, mein Stiefvater war Bauunternehmer und mein leiblicher Vater war beruflich selbstständig. Unternehmerisches Risiko war für mich also kein Fremdwort. Beim Ausbruch aus unseren goldenen Käfigen mussten wir uns daher nicht einreden, dass es schon irgendwie gut gehen würde. Wir kamen eher aus der Ecke: Was soll schon passieren? Wir hatten zu der Zeit noch keine Familien und trugen nur die Verantwortung für uns selbst. Das Worst-Case-Szenario war, mit Schulden in Höhe der Gründerkredite von 60.000 Euro pro Nase aus der Sache herauszugehen. Das Risiko erschien uns überschaubar und der Schritt ein ›No-Regret-Move‹.

Schon 2009 dachten wir das erste Mal über Fernbusse nach und 2011 dann wesentlich ernsthafter, nachdem André über den Koalitionsvertrag gelesen und uns von der bevorstehenden Deregulierung des Marktes berichtet hatte. Zunächst haben wir uns jedoch nicht an die Thematik herangetraut, denn die potenziellen Wettbewerber Deutsche Bahn und Deutsche Touring erschienen uns übermächtig. Wir haben das Thema ein weiteres Jahr pausiert und nicht an der Idee weitergearbeitet – damals wahrscheinlich unser größter Fehler, den wir bis dahin begangen haben. Denn als es dann tatsächlich losging, hatten wir gerade einmal sechs Monate Zeit, um das, was bislang nur in unseren Köpfen und auf Slides existierte, umzusetzen. Nachdem die Deregulierung am 1. Januar 2013 in Kraft trat, löste das einen wahren Gold Rush aus und Fernbusunternehmen sprossen wie Pilze aus dem Boden. Wegen des Zeitdrucks machte ich gleich den nächsten Fehler und setzte für unsere Website auf ein Third-Party-Buchungstool, das furchtbar umständlich war.

Wenn die digitale Plattform der eigene USP und der Kern der Wertschöpfung ist, sollte man sie nicht outsourcen.

Trotzdem möchte ich mich an dieser Stelle aufrichtig bei allen Kunden der ersten Stunde entschuldigen und ihnen gleichzeitig meinen Respekt ausdrücken. Sich erfolgreich durch die Buchungsstrecke von damals zu quälen, war eine echte Zumutung und Leistung zugleich. Aber wenn man viele Entscheidungen trifft, sind auch mal falsche dabei. Wichtig ist, dass man sie informiert und lösungsorientiert fällt.

Wer keine Fehler macht, der macht wahrscheinlich auch sonst nicht viel.

Dabei hilft uns, dass wir drei Gründer sind. Erstens fließen so verschiedene Perspektiven in die Entscheidungsfindung ein, denn allein schließt man gern mal von sich auf andere. Zweitens kommt man in jedem Fall zu einer Entscheidung, entweder einstimmig oder mit einer Zweidrittelmehrheit. Vor besonders harten Entscheidungen schlafe ich immer schlecht. Gerade wenn ich Leute entlassen muss – das ist einfach ein Scheiß. Doch mit so was mental schwanger zu gehen und aufzuschieben, macht es nur schlimmer. Unsere wohl härteste Entscheidung war, während der Pandemie den gesamten Betrieb zeitweise einzustellen. Da stellt man mal eben sein Lebenswerk auf Pause und weiß nicht, ob man jemals wieder den Playbutton drücken kann.

Aber zunächst mussten wir ja überhaupt erst mal loslegen. Natürlich hätten wir damals noch ein Jahr länger warten können, um unser eigenes Buchungstool zu programmieren. Doch wenn du dich für dein erstes Produkt nicht schämst, dann hast du mit seinem Launch definitiv zu lange gewartet. Lieber nach dem *Paretoprinzip* agieren und mit 80 Prozent an den Start gehen, denn als junges Unternehmen verzeihen dir die Kunden noch so einiges. Wichtig ist, dass man es ihnen ermöglicht, Feedback zu geben. Dann kann man die letzten 20 Prozent mit den Usern zusammen entwickeln. Dafür bieten wir unseren Kunden verschiedene Kanäle und sammeln Anregungen in der App, über Kommentare auf Facebook, mittels Umfragen direkt nach der Fahrt oder mithilfe der Kundencenter im jeweiligen ZOB. Auch Fahrerfeedback nehmen wir über die Fahrerhotline auf. All das clustern wir nach Themenbereichen und priorisieren deren Umsetzung.

Feedback anzunehmen muss gelernt sein und man sollte dabei die Tonalität komplett ignorieren. Wenn ein Fahrgast an Weihnachten zu spät zur Bescherung kommt, ist er natürlich sauer – aber selbst in den wüstesten Beschimpfungen können wichtige Insights stecken.

> **Wenn du dich für dein erstes Produkt nicht schämst, dann hast du mit seinem Launch definitiv zu lang gewartet.**

Als wir im Dezember 2013 die FlixBus-App releast haben, verfügte sie nicht einmal über eine Buchungsfunktion! Zu diesem Zeitpunkt konnten die User mit ihr lediglich den Fahrplan checken, Haltestellen suchen und Tickets speichern. Trotzdem bleibt mein Motto: »Better done than perfect.« Ich habe das *Paretoprinzip* vielleicht nicht erfunden, aber definitiv perfektioniert. Aus meiner Sicht ist das 80:20-Verhältnis sogar noch zu hoch gegriffen – 70:30 reichen mir persönlich völlig aus. Denn die Erfahrung zeigt, dass sich deine eigenen 80 Prozent für den Kunden ohnehin schon wie 90 Prozent anfühlen. Zum Beispiel hatten wir zu Beginn eine gewisse Verspätungsquote, aber Fernbusse waren eben neu und alle froh, dass sie überhaupt ankamen. Dementsprechend positiv war das Feedback. Mittlerweile ist die Verspätungsquote zwar deutlich niedriger, die Kundenzufriedenheit jedoch auch. Die 80 Prozent verschieben sich also mit der Zeit. Heute müssen vor allem das WLAN und die Steckdose funktionieren, denn Pünktlichkeit und das Ankommen werden schlicht vorausgesetzt.

Rückblickend kann ich sagen, dass wir seit der Gründung durchaus auch ein paar Sachen richtig gemacht haben. Ein Erfolgsfaktor war womöglich, dass wir vorher fünf Jahre Berufserfahrung bei großen Unternehmen gesammelt hatten. In diesem geschützten Umfeld konnten wir so einige Fehler machen und aus ihnen lernen – zum Beispiel, wie man mit Kunden umgeht, Verhandlungen führt oder wie man Partnerschaften schmiedet. Letztere waren für den Erfolg von FlixBus entscheidend.

> Was den Menschen so erfolgreich gemacht hat, ist seine Fähigkeit, in großen Gruppen zu kooperieren.

In Ländern ohne private Busanbieter hatte sich zuvor ein Markt für Mitfahrgelegenheiten etabliert, einer der größten davon war Deutschland. Überall dort, wo es funktionierenden Wettbewerb bei Fernbussen gab, war das nicht der Fall. Dieses Segment der Mobilität galt es für uns als Erstes zu erobern. Damit war von Anfang an klar, dass sich unser Angebot an eine preissensitive Zielgruppe richtete und wir zu Beginn nur moderate Fahrpreise verlangen konnten. Ein Asset-heavy-*Businessmodell* mit eigenem Fuhrpark schied somit aus. Außerdem finanziert dir kein Investor 1.000 Busse à 500.000 Euro, weil das schlicht zu kapitalintensiv ist.

Also waren wir auf Partner angewiesen. Was den Menschen so erfolgreich macht, ist seine Fähigkeit, in großen Gruppen zu kooperieren. Die Menschheit ist seit Langem arbeitsteilig unterwegs und auf dieses Erfolgskonzept sollten Gründende aufbauen. Am besten, man konzentriert sich auf die eigenen Stärken. Wir selbst waren ja keine Busprofis – im Gegenteil! Ich bin damals bei der Führerscheinprüfung sogar durch die Theorie geflogen. Damit es keiner mitbekommt, bin ich beim zweiten Mal all-in gegangen und habe die Kombiprüfung abgelegt. Offiziell war ich lediglich bei der Praxisprüfung. Manchmal muss man Risiken eingehen, um erfolgreich zu sein.

Als Experte neigt man dazu, die ausgetrampelten Pfade nicht zu verlassen.

Zum Glück gab es in Deutschland damals fast 5.000 mittelständische Busunternehmen, die im Auftrag von Kommunen unter anderem den ÖPNV und den Schulverkehr organisierten. Das waren die Fachleute. Aber als Experte neigt man dazu, die ausgetrampelten Pfade nicht zu verlassen. Auch deswegen fehlte ihnen seit Langem ein Geschäftsfeld mit echtem Wachstumspotenzial. Wir haben unzählige dieser Unternehmen besucht und mit ihnen die Chancen des Fernbusmarktes diskutiert. Für unser beidseitiges Marketplace-Modell waren sie neben den Reisenden unabdingbar. Bis heute sind wir den ersten Busunternehmern, die mit uns Verträge unterzeichneten, unglaublich dankbar für ihren Vertrauensvorschuss.

Vor der Liberalisierung des Marktes war das Angebot intransparent und nicht sonderlich verlässlich. Außerdem agierten die staatlichen Wettbewerber oft irrational, da sie teilweise unprofitable Strecken betrieben. Wir mussten daher den gesamten Markt und das Produkt komplett neu erfinden. Und das bestand für uns nicht nur aus physischen Bussen. Bis heute besitzen wir in der Tat nur einen einzigen davon. Der steht das ganze Jahr über in der Garage und schafft es immer gerade so durch den TÜV. Wenn man in Deutschland ein Busunternehmen sein will, dann schreibt die Gesetzgebung vor, dass man mindestens einen Bus besitzt.

»Daniel ist zwar ein mieser Programmierer, aber ein super CTO.«
André Schwämmlein

Doch statt Bussen waren es ohnehin die kleinen Dinge, die man nicht auf Anhieb sah, mit denen wir uns vom Wettbewerb abheben wollten. Die Branche war null digital und wir haben uns bewusst dort differenziert, wo die anderen lausig waren – bei der Customer Experience. Seit Anbeginn verstehen wir uns zu 50 Prozent als Software- und zu 50 Prozent als Verkehrsunternehmen. Wir haben schon immer mit Daten gearbeitet, um beispielsweise die Streckenplanung zu optimieren. Unsere erste Linie führte von Nürnberg nach München und wir dachten damals, das sei schon weit. Doch wir mussten bald feststellen, dass längere Routen und vor allem die Querverbindungen von West nach Ost deutlich besser angenommen wurden. Denn hier war das Streckennetz der Deutschen Bahn aus historischen Gründen recht dünn. Bei den kurzen Stecken konkurrierten wir hingegen mit dem Regionalverkehr, sodass die erste Verbindung, die wir wieder einstellten, die von Regensburg nach Nürnberg war – die hat nämlich keine Sau interessiert. Trotzdem hatten wir durch unseren datengetriebenen Ansatz einen entscheidenden Wettbewerbsvorteil. André hat es mal so formuliert: »Daniel ist zwar ein mieser Programmierer, aber ein super *CTO*.«

Auch beim *Raisen* hat uns das geholfen. Denn welcher *VC* investiert schon in ein rein analoges Geschäftsmodell? Geld ist zwar eher eine Commodity, aber Investoren schmeißen es einem nicht nach und schenken tun sie es einem ganz sicher nicht. Fremdes Kapital geht stets mit Erwartungen und Verpflichtungen einher. Deswegen haben wir immer versucht, so nah wie möglich an der Profitabilität zu bleiben, damit uns die Geldgeber nicht ständig im Nacken saßen und wir uns auf unser Geschäft konzentrieren konnten. Auch der häufig als Verheißung zelebrierte *Exit* sollte kein aktiver Gedankengang eines Gründers sein – zumindest nicht am Anfang. Wenn man einfach nur schnell reich werden will, kann man Investmentbanker werden. Mein persönliches Vorbild ist da eher der ehemalige Bahnchef und Vorstandsvorsitzende von AEG sowie der Dürr AG. Sein Credo lautete:

> »Ein Unternehmen ist eine gesellschaftliche Veranstaltung.«
>
> *Heinz Dürr*

Ihm ging es nicht nur um Profitmaximierung, sondern darüber hinaus auch um die Unternehmenskultur. *Exit* heißt ja, man ist weg. Dann hat man keinen Einfluss mehr auf das Unternehmen und dessen gesellschaftliche Verantwortung.

Secondaries hingegen sind ein Teilverkauf und ein profundes Mittel, um sich als Gründer ein Stück vom Kuchen abzuschneiden, ohne das Unternehmen zu verlassen. Als Investor will man ja, dass die Gründenden mit Vollgas dabei sind. Erfahrenere Investoren bringen das Thema von selbst auf, damit ihre Founder eine solide Lebensgrundlage haben.

Ein *Initial Public Offering* (*IPO*) ist für mich eher ein Weg, um ein Unternehmen und etwaiges Wachstum zu finanzieren. Allerdings geht ein Börsengang mit noch mehr Verpflichtungen wie Quartalsberichten et cetera einher. Wenn man all das an der Backe hat, kann man sich vielleicht sogar weniger auf Mitarbeitende und Kunden konzentrieren. Zudem glaube ich nicht, dass wir aufgrund unseres *Unicorn*-Status auch nur einen Kunden mehr transportiert haben. Darum wird in der *Start-up*-Branche ein viel zu großes Bohei gemacht. Letztlich nehme ich dafür ja das Geld anderer und stehe in der Verantwortung, es irgendwann um ein Vielfaches zurückzuzahlen. Wenn man sich wegen so was feiert, sollte man immer auch an den Kater am nächsten Morgen denken.

Sofern die eigene *Burn-Rate* vergleichsweis gering ist, verschafft man sich Freiräume. Ansonsten hastet man von einer Finanzierungsrunde zur nächsten. Obwohl wir selbst erst fast zehn Jahre nach der Gründung profitabel waren, waren unsere *Unit-Economics* stets positiv und somit gab es von Anfang an die Perspektive, als Unternehmen profitabel zu werden.

Bei der Kalkulation seines *Businessmodells* sollte man ehrlich zu sich selbst sein. Sind das zu lösende Problem und der Markt dafür groß genug? Wird meine Lösung beziehungsweise mein Produkt ausreichend nachgefragt? Wenn diese Kalkulation aufgeht, dann findet man auch in schwierigen Phasen noch Investoren. Bei uns war die Entscheidung für den Fernbusmarkt eher intuitiv getrieben. Erst im Nachhinein ist mir klar geworden, dass Mobilität ein Megatrend ist und ein nahezu unerschöpflicher Markt mit riesigem Wachstumspotenzial. Denn der durchschnittliche Wohlstand wächst und die Leute haben mehr Zeit und Geld, um zu reisen.

Den Red Ocean überlebt niemand lange und die meisten gar nicht.

Wenn die Aussicht auf Rentabilität also langfristig gegeben ist, kann man eine gewisse Zeit nicht kostendeckend operieren. Wie zum Beispiel während der ersten Jahre, als zahlreiche Wettbewerber den Markt unter sich aufteilten. Auch um den Konsumenten zum Umdenken zu bewegen, können Kampfpreise für einen begrenzten Zeitraum Sinn ergeben. Teilweise waren wir damals bis zu 80 Prozent billiger als die Deutsche Bahn auf vergleichbaren Strecken. Doch diese Phase des *Red Ocean* überlebt niemand lange und die meisten gar nicht. Viele unserer Wettbewerber sind seitdem wieder verschwunden oder in uns aufgegangen. Doch einer war besonders hartnäckig: MeinFernbus. Einer der Gründer, Torben Greve, hatte zuvor bei der Bahn gearbeitet und war ein Experte für Streckenplanung. Er hatte ein paar regulatorische Lücken genutzt, um schon vor der Deregulierung zu starten. Dadurch hatte MeinFernbus einen gehörigen Vorsprung. Wir hielten mit aggressivem Marketing dagegen und lieferten uns ein ruinöses Wettrennen.

Irgendwann hat unser damaliger Leadinvestor HV Capital angerufen, um uns ins Gewissen zu reden. Er hat es tatsächlich geschafft, dass wir uns mit Torben auf neutralem Boden getroffen haben, um über eine mögliche Fusion zu sprechen. Das hatte fast ein bisschen was vom Gipfeltreffen zwischen Reagan und Gorbatschow in Reykjavík – nur dass unseres im Biergarten stattfand. Außerdem haben wir nicht die Anzahl der Atomsprengköpfe verglichen, sondern die unserer Busse. Anschließende Gerüchte um eine Sichtung von Torben im FlixBus-Kundencenter am ZOB haben wir unkommentiert gelassen. Zwar haben wir uns auf Anhieb gut verstanden, sind uns aber trotzdem nicht einig geworden.

Erst mithilfe unseres neuen Investors General Atlantic konnten wir einen Case bauen, um die beiden Firmen zusammenzuführen. Dabei war uns wichtig, die Fusion zumindest nach außen als Merger of Equals darzustellen, auch wenn es sich im Cap Table etwas anders darstellte. Wir nahmen die Marke, die sich besser für eine Internationalisierung eignete, und die Farbe von MeinFernbus. Das Marketing zog von Berlin nach München und ich verlegte meinen Arbeitsort von München nach Berlin. Keine fünf Minuten nach Ankunft hing ich unter dem Small-Business-Server von MeinFernbus, der mal wieder abgeschmiert war. Meine Zeit bei Microsoft machte sich sogleich bezahlt – genau wie das Herumspielen am Registraturcomputer meines Stiefvaters, denn nach der Übernahme von Greyhound fühlte ich mich beim Anblick deren Systeme an den alten Monochrommonitor von damals erinnert.

Letztlich hat der Wettbewerb dafür gesorgt, dass dem Kunden in vielen Fällen bessere Alternativen geboten werden. Deshalb liebe ich Wettbewerb, nicht zuletzt auch als persönliche Challenge. Allerdings sollte dieser immer fair ablaufen und auf einem Level Playing Field – also unter fairen Spielregeln – stattfinden. Zum Beispiel ist es schade, dass wir beim 49-Euro-Ticket nicht mitgedacht wurden. Auch im Bereich der Schiene gibt es in Sachen fairer Wettbewerb großen Nachholbedarf, denn wir haben in Deutschland immer noch die höchsten Trassenpreise in ganz Europa. Nicht zuletzt deswegen verfügt die Bahn im Schienenverkehr weiterhin über ein Quasimonopol. Das wissen auch die Lokführer für sich zu nutzen, deren Streiks regelmäßig halb Deutschland lahmlegen. Klar füllen sie damit hin und wieder unsere Busse, trotzdem freuen wir uns keineswegs darüber. Denn so untergraben sie das Vertrauen der Konsumenten in Shared Mobility, was zulasten der Umwelt und unserer Vision geht:

Nachhaltige und erschwingliche Mobilität für alle.

Bis dato sind wir mit FlixBus von größeren Streiks verschont geblieben. Das liegt aus meiner Sicht nicht nur an der in der Regel übertariflichen Bezahlung unserer Fahrer, sondern auch an unserer Firmenkultur. Dank ihr haben wir bislang immer im Dialog eine Lösung gefunden und sie ist wahrscheinlich das, worauf ich am meisten stolz bin. Schon beim Recruiting achten wir auf einen Fit, auch wenn es schwieriger ist, Kultur abzufragen als formale Qualifikationen und Fertigkeiten. Abitur oder Führerschein hat man oder – falls man durch die Theorie fällt – eben nicht. Ob es jedoch menschlich passt, lässt sich oft erst nach einer gewissen Zeit beurteilen. Daher empfinde ich das Instrument der Probezeit als legitimes und geeignetes Mittel, um sich gegenseitig kennenzulernen. Wäre FlixBus bei Tinder auf Mitarbeitersuche, dann würden wir als Relationship Goal ›feste Beziehung, mal sehen‹ auswählen. Auf einen One-Night-Stand sind wir jedenfalls nicht scharf und unsere Angestellten auch nicht.

Gerade junge Menschen wollen nicht bloß für irgendein Unternehmen arbeiten, sondern sehnen sich nach einem Purpose. Außerdem ist ihnen die Zusammenarbeit mit anderen Menschen wichtig. Dabei spielt natürlich auch die Stimmung innerhalb der Belegschaft eine große Rolle. Und die kann man als Gründer maßgeblich beeinflussen. Wenn man ständig mit mieser Laune durch die Gänge läuft, färbt das irgendwann ab und die Leute bekommen unter Umständen sogar Angst, dass es der Firma schlecht geht. Zuversicht auszustrahlen und Mitarbeitende gut zu behandeln ist mindestens genauso wichtig wie das Arbeitsethos, das man vorlebt. Beides fasse ich gerne unter folgendem Credo zusammen:

»Work hard and be nice to people.«
Daniel Krauss

Früher sprach man von deutschen Tugenden und eine davon hieß Fleiß, was ›work hard‹ wohl am ehesten entspricht. Von dieser Attitüde brauchen wir in Deutschland wieder mehr. Nett zu Menschen zu sein ist dabei kein Widerspruch. Es ist vielmehr ein Werkzeug, um erfolgreich zu sein. Bei meinen Kindern funktioniert nett auch am besten. Ich fand es früher selbst nicht toll, angeschrien zu werden. Das Ausrasten von Cholerikern ist für mich ein Zeichen der Schwäche. Vielleicht schaffe ich es nicht immer, freundlich zu sein, aber meistens. Meine Eltern würden mich als Stoiker bezeichnen – heutzutage spricht man wohl eher von Resilienz. Jedenfalls kann ich viel ertragen und runterschlucken, um gute Miene zum bösen Spiel zu machen.

Zuversicht strahlt man heute jedoch längst nicht mehr nur mit leeren Anfeuerungsphrasen oder dicken Firmenwagen aus – schon gar nicht als Anbieter von grüner Mobilität. Das passiert oft viel subtiler und auf unerwartete Art und Weise. Zum Beispiel dachten die Leute, als meine *Co-Founder* und ich Kinder bekamen, dass die Firma gut laufen müsste. Sonst hätten wir beziehungsweise unsere Frauen ja wohl kaum welche in die Welt gesetzt. Das war übrigens nicht der Grund dafür, Vater zu werden, denn sonst hätte ich jetzt schon eine komplette Fußballmannschaft zu Hause. Obwohl, bei meiner Veranlagung wohl eher ein Volleyballteam.

Bevor wir Väter wurden, war FlixBus unser Baby – und zwar mit allen Sorgen und Ängsten, die bei einem Neugeborenen dazugehören. Ab dem Zeitpunkt der Gründung gab es keine Work-Life-Balance mehr. An das Konzept glaube ich ohnehin nicht, denn als Gründer tauschst du dein Leben gegen das Unternehmen ein – damit ist es eher ein Work-Life-Blending. Und das Gründerleben ist anfangs oft so, als wäre man manisch-depressiv: mittags noch himmelhochjauchzend und abends mit Zukunftsängsten im Bett liegend. Mit der Geburt meiner Kinder gab es für mich dann nur noch die drei Fs: Familie, Freunde und FlixBus. Da blieb leider keine Zeit mehr, um Jugendgruppen zu betreuen.

Wir investieren primär in großartige Teams und nehmen dafür auch mal zweitbeste Ideen in Kauf.

Trotzdem versuchen wir weiterhin, junge Menschen zu unterstützen – unter anderem als *Business Angel*. Dabei investieren wir primär in großartige Teams und nehmen dafür auch mal zweitbeste Ideen in Kauf, andersherum hingegen nie. Für unsere Investments verwenden wir Teile der eigenen *Secondaries*, um etwas an das Ökosystem zurückzugeben. Deutsche Gründende müssen immer noch zu oft auf Kapital aus den USA zurückgreifen, denn angelsächsische Pensionskassen und Versicherungen legen einen signifikanten Prozentsatz ihrer Gelder in dieser Assetklasse an. Außerdem wächst dort bereits die dritte oder vierte Generation von *Start-ups* heran. Dementsprechend ist die Zahl erfolgreicher Gründender, die mittlerweile als Angel agieren, deutlich größer. Darüber hinaus geben sie der nächsten Generation nicht nur Geld, sondern auch ihre Erfahrung mit. Genau das versuchen wir auch. Trotzdem betreiben wir als Investoren keinen Beglückungsterrorismus, sondern sind da, wenn wir gefragt werden. Großeltern kann ich das in Bezug auf Ratschläge an junge Eltern übrigens auch sehr ans Herz legen.

Bei der Bewertung des Decks schauen wir zunächst auf Hygiene und Präzession. Da hat der Beratungsschleifstein bei André und Jochen durchaus Spuren hinterlassen. Danach bewerten wir, ob es für die Idee einen Markt gibt und wie groß dieser ist. Ausschlaggebend bleibt jedoch immer das Gründerteam. Wie stabil ist es? Woher kennen sie sich? Wenn uns das überzeugt, kann die Idee auch nur bei 80 Prozent liegen. Das übertrifft ja ohnehin meinen eigenen Anspruch an das *Paretoprinzip* und zur Not *pivotiert* das *Start-up* eben später. Wegen dieser *Investment Principles* streuen wir unser Geld relativ breit. Von reinen Tech-Themen hin zu Dingen, die wir charmant finden. Deswegen sind wir bei der Sichtung von Ideen sehr aufgeschlossen und schauen uns alles an. Nur wer nicht fragt, bekommt garantiert keine Antwort von uns. Auch wenn wir mittlerweile einen tollen Kollegen mit an Bord haben, der unsere *Start-up*-Investments verwaltet, sind wir für Calls mit deren Gründenden immer noch zu haben.

> Der Wohlstand Deutschlands beruht nicht auf billiger Arbeit, sondern auf hoch qualifizierten Fachkräften und Innovation.

Ein weiteres Herzensprojekt, für das wir uns engagieren, ist ›STARTUP TEENS‹. Neben unternehmerischem Handeln werden dort jungen Menschen Future-Skills wie zum Beispiel Programmieren vermittelt. André frotzelt immer, dass ich mich für Letzteres auch mal anmelden sollte. Jedenfalls kommt da bei mir wohl doch wieder der Jugendgruppenbetreuer durch. Ich bin überzeugt, dass wir nicht umhinkommen, in die nächste Generation zu investieren.

Unternehmertum hilft, Innovation voranzubringen, und somit auch dabei, die großen Herausforderungen unserer Gesellschaft zu bewältigen. Durch die Einführung des G8 und den Wegfall der Wehrpflicht beziehungsweise des Zivildienstes bekommen junge Menschen heutzutage quasi zwei Jahre geschenkt. Während derer sollen sie sich gern mal als Gründer ausprobieren. Natürlich müssen nicht alle Unternehmer werden, aber jeder sollte eine Passion haben und Value erzeugen – für sich und die Gesellschaft. Oder um es einmal mehr mit Arnold Schwarzenegger zu sagen: »Be useful.« Wenn man einen gewissen Drive entwickelt, dann kommt man schon unter. Egal ob man studiert, Handwerker wird oder Unternehmer. Dass ich mich für Letzteres entschieden habe, habe ich bislang nie bereut. Obwohl es oft anstrengend ist, haben wir in etwas mehr als zehn Jahren doch einiges erreicht. Aber wenn man bedenkt, dass wir erst im Februar 2024 in Indien, dem zweitgrößten Fernbusmarkt der Welt, gestartet sind, bin ich mir sicher, dass die FlixBus-Story noch lange nicht zu Ende ist.

nyonic

Best AI for Society

Vanessa Cann

STECKBRIEF

Name: Vanessa Cann

Geburtsdatum: 01.08.1992 **Geburtsort:** Heidelberg

Ausbildung: Master of Arts Internationale Politik, Bachelor of Arts Politikwissenschaften

Ursprünglicher Berufswunsch: Politikerin

Erste Gründung im Alter von: 29

Fun Fact: Ich habe einen deutschen und einen britischen Pass. Die Aussprache meines Nachnamens hat daher schon die eine oder andere Stilblüte hervorgebracht.

Vorbilder: Ehemalige US First Lady Michelle Obama wegen ihres authentischen, empathischen und integren Führungsstils, *KI*-Pionierin Mira Murati für ihr unermüdliches Verschieben der Grenzen des Machbaren, Soziologin Brené Brown für die Erinnerung, dass Verletzlichkeit eine Stärke ist.

Bester Tipp, den ich je bekommen habe: Triff immer die Lebens- und Karriereentscheidung, die dir am meisten Angst macht, denn an ihr wirst du am stärksten wachsen.

Mein persönlicher Myth Buster: Erfolg ›über Nacht‹ gibt es nicht. Hinter jedem erfolgreichen Gründer stehen Jahre harter Arbeit, Durchhaltevermögen und strategische Entscheidungsfindung.

Bücher, die man gelesen haben muss: ›Where good ideas come from‹ von Steven Johnson und ›The Innovator's Dilemma‹ von Clayton Christensen

Vanessa Cann ist eine der bekanntesten Köpfe im europäischen KI-Ökosystem. Sie hat mehrere Initiativen und Unternehmen gegründet, darunter nyonic, das multilinguale Sprachmodelle für industrielle Anwendungen entwickelt. Sie hat als Geschäftsführerin des *KI* Bundesverbandes diesen zu einem der größten Netzwerke für *KI*-Unternehmen in Europa geformt. Heute bringt sie ihr umfangreiches Fachwissen als Mitglied des Vorstands des Verbandes ein.

Vanessa war eine treibende Kraft hinter der Initiative ›LEAM – Large European AI Models‹, die sich für den Aufbau einer eigenen *KI*-Infrastruktur in Europa sowie für eine verstärkte Zusammenarbeit auf diesem Gebiet einsetzt. Unter ihrer Leitung gründete der KI Bundesverband eine gemeinnützige Akademie für *künstliche Intelligenz*, um die breite Öffentlichkeit über die Chancen und Herausforderungen der *KI* aufzuklären. Außerdem vertrat sie europäische Interessen im Bereich der *KI* durch die Vereinigung von zehn internationalen *KI*-Verbänden im European AI Forum, um europäischen Gründenden eine Stimme in der Politik zu verleihen. Als *Co-Founderin* von nyonic, Forbes 30 Under 30, Capital 40 Under 40 und LinkedIn Top-Voice on AI hat sie eine gewichtige Stimme, die sie nun nutzt, um ihre Founder's Story zu erzählen.

Vorab die wichtigsten Learnings:

Dos:

– Das Gründerteam auf eine gemeinsame Vision einschwören

– Warme Intros zu *VCs* statt Kaltakquise beim Fundraising

Don'ts:

– Zu glauben, dass die Politik der Ort sei, an dem Innovation stattfindet

– Den persönlichen Erfolg über die eigenen Werte stellen

– Das Testen neuer Mitarbeitender auf kulturellen Fit delegieren

– Bei der Digitalisierung Deutschlands sparen

Vanessas
Founder's Story

Das Magazin The Economist hat Deutschland als den »kranken Mann Europas« bezeichnet. Das ist ein drastisches Statement. Wie viel ist da dran? Ich verbringe jede Menge Zeit im *Startup*- und Entrepreneur-Ökosystem. Ich habe das große Glück, täglich mit den spannendsten Gründern, Unternehmensvertretern, Wirtschaftsgrößen und Politikern zu sprechen. Die Arbeit mit so vielen Menschen, die anpacken, bewegen und umsetzen, hat einen sehr erfreulichen Nebeneffekt. Es macht mich zu einer Optimistin. Wer ein fundamentaler Teil der entrepreneurischen Szene ist, sucht nach Lücken und Chancen und betrachtet Probleme als Herausforderungen.

Dennoch mache ich mir große Sorgen, denn:

Deutschland steckt im Innovator's Dilemma.

Das Prinzip dahinter ist so simpel wie einleuchtend: Ursprünglich von Joseph Schumpeter als Konzept der schöpferischen Zerstörung erdacht, von Clayton Christensen aufgegriffen und als ›Innovator's Dilemma‹ betitelt, bezeichnet es die Unfähigkeit von Organisationen, ihre eigenen Schöpfungen radikal neu zu denken. In Deutschland sind wir in vielen Industrien über Jahrzehnte hinweg zu Marktführern auf der ganzen Welt geworden. Und wir sind gut darin, durch inkrementelle, das heißt kleine, aufeinander aufbauende Innovationen unsere Produkte immer noch ein Stück besser zu machen.

Was aber, wenn das nicht mehr reicht? Die besten Finanzberater bringen nichts, wenn wir künftig kaum noch welche davon brauchen, weil *künstliche Intelligenz* viel schneller, günstiger und personalisierter bei der passenden Investmentstrategie beraten kann. Die schönsten Autos werden unverkauft bleiben, wenn die Zukunft selbstfahrenden Vehikeln gehört, die nicht auf den Fahrer optimiert, sondern auf eine möglichst reibungslose Mobilität getrimmt sind. Die letzten Jahre haben uns gezeigt: Software is eating the world. Die treibende Wirtschaftskraft liegt nun in der Softwareentwicklung. Mit Hardware lässt sich längst nicht mehr das große Geld verdienen – mit Ausnahme von Apple, in dessen Bilanz Software und Services mittlerweile jedoch auch über 20 Prozent des Umsatzes ausmachen. Der Blick auf den US-amerikanischen Aktienmarkt zeigt diese Entwicklung seit Jahren. Nur einer der globalen US-Tech-Konzerne ist so viel wert wie die 30 wertvollsten deutschen Unternehmen zusammen. Doch mit den jüngsten Fortschritten im Bereich der *künstlichen Intelligenz* erleben wir bereits eine neue Wende. Nun ist es die *KI*, die zunehmend die Dominanz der Software infrage stellt. Für unser Land der Ingenieurinnen und Ingenieure, verliebt in Prozesse, Strukturen und Perfektion, die keine Fehler zulässt, ist diese Transformation eine Mammutaufgabe. Denn jetzt heißt es:

AI is eating the world.

Deutschland steckt mittendrin in diesem Dilemma. Wir ruhen uns auf dem aus, was wir bereits geschaffen haben, und entwickeln bloß inkrementell weiter. Die großen disruptiven Veränderungen bleiben aus. Aber es gibt Hoffnung. Deutschland hat eine aktive und erstarkende *Start-up*-Szene – Unternehmen, die völlig frei von altem Ballast darauf getrimmt sind, radikal neu zu denken und unsere Wirtschaft zu transformieren. Wir brauchen sie, um das Land aus dem Tiefschlaf zu erwecken. Seit ich vor vielen Jahren tief in das *KI*-Ökosystem eingetaucht und ein Teil davon geworden bin, fühle ich mich verpflichtet, dieses Dilemma anzugehen und an dessen Auflösung zu arbeiten. Ich möchte Europa zu einem Ort aufbauen, der Vorreiter im Bereich der *künstlichen Intelligenz* ist. Diese Technologie ist zu wichtig, um bloß Nutzer davon zu sein. Wir sollten sie aktiv gestalten. Sonst wird die *KI* nicht uns Europäern dienen, sondern wir Europäer der *KI*. *Künstliche Intelligenz* wird ein maßgeblicher Wachstumstreiber sein, ein eklatanter Wirtschaftsfaktor, der zu viel Wohlstand führen kann – und auch zu einer großen Abhängigkeit. Es kommt darauf an, auf welcher Seite wir stehen: Entwickeln und betreiben wir *KI* selbst oder hängen wir künftig am Tropf derer, die den Zugang dazu kontrollieren? Die großen Tech-Wellen der Vergangenheit haben wir vollständig verschlafen und uns damit wirtschaftlich in eine ungünstige Situation manövriert. Ich habe es mir zur Mission gemacht, dafür zu kämpfen, dass uns dieser Fehler bei der vermutlich wichtigsten Technologie der Zukunft nicht noch einmal passiert.

Im Jahr 2017 gewann die politische Debatte im Bereich der *KI* so richtig an Fahrt. Zu dieser Zeit war ich Teil einer Politikberatung. Die Bundesregierung richtete eine Enquetekommission für *künstliche Intelligenz* ein. Es war die größte Enquete, die es jemals gegeben hatte. Sie sollte sich mit den wirtschaftlichen Folgen der *KI*-Welle, die sich am Horizont aufzutürmen begann, beschäftigen. Dazu gehörte, dass sie Experten mit den Abgeordneten zusammenbrachte, wo die ›Papiere der Zukunft‹ ausgearbeitet wurden. Es ging um nichts weniger als die Frage, wie Deutschland nicht an den brechenden Wellen der *KI* zerschellen, sondern sich davon tragen lassen könnte.

Wenn wir sie nicht aktiv gestalten, wird die KI nicht uns Europäern dienen, sondern wir Europäer der KI.

Heute muss ich ernüchtert feststellen: Es waren schöne Trockenübungen, nach allen Regeln der Bürokratie durchgeführt – und letztlich so unwirksam wie unnötig. Immerhin: Manche der beteiligten Abgeordneten wussten dadurch ein bisschen besser über *KI* Bescheid. In konkrete Maßnahmen mündete all dies dennoch nicht.

Dass wir unsere *Start-ups* brauchen – mehr, als es viele zugeben wollen –, wurde mir vor einigen Jahren klar. Ich war Geschäftsführerin des *KI*-Bundesverbandes, des größten Netzwerks für *KI*-Unternehmen in Europa. In dieser Rolle sprach ich mit den gewichtigsten deutschen Unternehmen, unzähligen *KI-Start-ups* und beriet die Bundesregierung hinsichtlich ihrer Digital- und *KI*-Strategie.

Zu dieser Zeit kam der Begriff ›*künstliche Intelligenz*‹ den meisten noch wie ein Fremdwort vor. Sie kannten ihn allenfalls aus der Science-Fiction. Vergleiche zu den Terminator-Filmen waren keine Seltenheit: Der *künstlichen Intelligenz* haftete für viele etwas Bedrohliches an. Vertreter aus Politik und Wirtschaft teilten oftmals dieselben Vorurteile. Während manche die Debatte um *künstliche Intelligenz* als überhöht und voreilig abtaten, sprachen andere von einer nahenden Superintelligenz, die uns Menschen bald überflügeln und womöglich überflüssig machen würde. Was, wenn *KI* sich verselbstständigen und eigenständig weiterentwickeln würde? Was, wenn wir nicht mehr verstünden, was da passierte, uns die Technologie entglitt? Diejenigen, die ein bisschen besser informiert waren, fachsimpelten bald über die sogenannte Singularität. Gemeint ist damit der Zeitpunkt, ab dem sich *künstliche Intelligenz* schneller als wir Menschen entwickelt und dabei immer neue, eigene Erfindungen und Innovationen hervorbringt. Die Singularität wäre womöglich die letzte Erfindung, die die Menschheit selbst macht.

In dieser Zeit wäre es klug gewesen, die richtigen Weichen zu stellen. *Künstliche Intelligenz* hätte viele der Herausforderungen, mit denen Deutschland konfrontiert ist, abfedern können. Ein Beispiel dafür ist der Fachkräftemangel, der nahezu alle Industrien und Branchen hierzulande betrifft. Man stelle sich vor, die Wirtschaft hätte begonnen, *KI*-Kompetenzen aufzubauen, und die Politik einen Rahmen geschaffen, um dies mit wenig Bürokratie und Steuererleichterungen zu fördern. Viele der Menschen, die den Arbeitsmarkt altersbedingt verlassen, könnten dann bereits jetzt durch *künstliche Intelligenz* ersetzt werden. Passiert ist das leider nicht. Deshalb hinken wir heute weit hinterher. Von einem flächendeckenden Einsatz der Technologie kann nicht die Rede sein.

Als OpenAI am 30. November 2022 den Chatbot *ChatGPT* veröffentlichte, wurde der Begriff der *künstlichen Intelligenz* aus dem ihn umgebenden Nebel der Vorurteile herausgerissen. Plötzlich war sie ganz praktisch erlebbar geworden.

In Wirtschaft und Politik machte sich Panik breit. Die wenigsten hatten damit gerechnet, dass *künstliche Intelligenz* so schnell so greifbar werden würde. Darauf waren die meisten nicht vorbereitet.

Das Thema KI war nun da angekommen, wo es hingehörte: in die Vorstandsetagen.

Mein Telefon klingelte in dieser Zeit noch mehr als sonst. Oft kam ich aus einem Meeting und stellte fest, dass in den letzten 60 Minuten zahlreiche Anrufe eingegangen waren: Staatsminister, Vorstände, Geschäftsführer deutscher Unternehmen hatten alle dieselben Fragen: Sie wollten verstehen, wie sie *künstliche Intelligenz* nutzen und ihre Belegschaft auf den Einsatz neuer *KI*-Tools vorbereiten konnten. Zwar hatten viele Unternehmen bereits kleine *KI*-Abteilungen geschaffen, aber das Thema war nun da angekommen, wo es hingehörte: in die Diskussionsrunden der Vorstands- und Boardsitzungen. Plötzlich hatte es die höchste Priorität.

Neben GPT – dem Sprachmodell, das die Basis für *ChatGPT* bildet – von OpenAI gab es weitere solcher *Large Language Models* (*LLMs*), die auf den Markt strömten, und es wurden zunehmend mehr. Sie alle hatten eine bezeichnende Gemeinsamkeit: Kein Einziges von ihnen, das eine ernst zu nehmende Performance lieferte, kam aus Europa.

Das ist ein Problem, weil amerikanische oder chinesische Sprachmodelle nicht perfekt mit europäischen Sprachen harmonieren. Diese Modelle werden nicht mithilfe ausreichender Daten, die aus Europa stammen und etwa auf Deutsch, Französisch oder Italienisch formuliert sind, trainiert. Sie kennen sich mit europäischen Themen – sei es in Fragen der Gesetzgebung und der Kultur oder eben in der Sprache – daher auch weniger gut aus. Daneben gibt es eine ganze Reihe weiterer Gründe, warum wir eigene Sprachmodelle brauchen. Einer davon ist die Tatsache, dass wir sensible Daten – beispielsweise Firmengeheimnisse der größten europäischen Unternehmen – nicht in die Hände anderer Nationen geben möchten.

Einer der Faktoren, warum wir in Europa kein eigenes Sprachmodell aufbauen konnten, lag in der fehlenden Infrastruktur begründet. Das Entwickeln solcher Modelle ist extrem rechen-intensiv. Dafür braucht es dezidierte *KI*-Rechenzentren, die das Training großer Modelle stemmen können. Leider sucht man der-artige Rechenzentren für wirtschaftliche Anwendungen in Euro-pa vergebens – zumindest von lokalen Anbietern. Die drei großen Cloud-Provider Amazon, Microsoft und Google haben hingegen begonnen, entsprechende Infrastruktur innerhalb der EU aufzu-bauen.

Aus dieser Situation heraus formte sich eine Initiative, mit der wir, angeführt vom *KI*-Bundesverband, genau das ändern wollten: ›LEAM – Large European AI Models‹. LEAM sollte ein Rechen-zentrum werden, das mit 400 Millionen Euro Zuschuss von Bund und Wirtschaft das Training großer *KI*-Sprachmodelle ermögli-chen würde.

Die ersten Gespräche dazu waren vielversprechend. Es war ein verregneter Nachmittag in Berlin, als wir uns zu einem Treffen im Bundeswirtschaftsministerium mit der zuständigen Abteilungs-leitung und entsprechenden Referenten zusammenfanden. Wir hatten in dieser Runde monatelang die Weichen für LEAM ge-stellt und das Projekt immer weiter detailliert. Allen war klar: Mit dem im Koalitionsvertrag verankerten Digitalbudget und zusätz-licher Unterstützung aus der Wirtschaft mussten wir das nötige Geld aufbringen, um das größte europäische Rechenzentrum zu schaffen. Es sollte den Nährboden für europäische *KI*-Modelle bereiten.

Was wir bei diesem Meeting erfuhren, traf uns unvorbereitet: Entgegen aller vorherigen Zusagen wurde das Digitalbudget gestri-chen. Die vielen Krisen in der Welt – der Krieg Russlands gegen die Ukraine, die daraus resultierende Energiekrise, die schwächelnde Wirtschaft mit der sich anbahnenden Rezession sowie die Abfe-derung der Spätfolgen von Covid – fraßen ein dickes Loch in den Bundeshaushalt. Es wurde beschlossen, bei der Digitalisierung Deutschlands zu sparen. Damit fiel die wichtigste Finanzierung für das Leuchtturmprojekt weg, das die Grundlage für die Entwicklung generativer *KI*-Modelle in Deutschland schaffen sollte.

> In der kambrischen Explosion der Modelle gingen immer mehr Teams an den Start, um eigene Sprachmodelle zu entwickeln.

Die Zeit lief uns davon. Die internationalen Sprachmodelle gewannen rasch an Bedeutung und die Medien überschlugen sich mit neuen Erfolgsmeldungen. Während Netflix noch dreieinhalb Jahre gebraucht hatte, um 100 Millionen Nutzende zu erreichen, benötigte *ChatGPT* dafür nur fünf Tage. Damit war es das am schnellsten wachsende Tech-Produkt, das es jemals gegeben hatte.

Aber auch andere Anbieter zogen nach. In der sogenannten kambrischen Explosion der Modelle gingen immer mehr Teams an den Start, um eigene Sprachmodelle zu entwickeln. Es war klar, dass große *KI*-Modelle den Lauf der Geschichte verändern würden. Und viele begannen, in zwei verschiedenen Ären zu denken: die Zeit davor und die Zeit danach. Wir befanden uns im Morgengrauen dieser neuen Zukunft – wir tun es noch immer – und mussten feststellen: Europa war nicht dabei. Unsere Politik, die eigentlich die Weichen hätte stellen sollen, wälzte sich im Schlaf von links nach rechts. Für mich an sich keine Überraschung. Denn ich komme selbst aus dem Bereich und hatte schon früh erfahren, wie schwierig es sein kann, mit Politik den Weg in eine bessere Zukunft zu bereiten.

Trotzdem wollte ich immer in die Politik gehen. Schon während meines Studiums war ich politisch äußerst aktiv und die Politik umgab ein aufregender Nimbus. Hier wird die Zukunft geschmiedet, glaubte ich. Ich beteiligte mich im Bundes- und Landesverband und habe für das Amt als Landtagsabgeordnete kandidiert.

Ein typischer Vorgang, den mit Parteipolitik Vertraute nur zu gut kennen, ist das Konzept von Änderungsanträgen, die im Vorfeld von Bundesparteitagen ausgearbeitet werden. Die politische Konsensbildung funktioniert so: Jede Person und jede Arbeitsgruppe kann Vorschläge erarbeiten, die in das Wahlprogramm aufgenommen werden. Diese Vorschläge werden in einen Topf geworfen, aus dem man sie wieder herauszieht, einzeln diskutiert und dann darüber abstimmt. Begleitet wird dieser Prozess von unzähligen Reden und Diskussionen.

Das ist in der Theorie ein solides Konzept. Es ermöglicht jeder Person, an diesem Diskurs teilzunehmen, und ist hochgradig partizipativ. Als Demokratin muss man das eigentlich gut finden. Aber es führt auch zu mitunter abstrusen, geradezu absurden Konstellationen.

Da wird gern mal ein halber Vormittag über einen Satz gestritten und um die Frage, an welcher Stelle das Komma zu setzen sei, weil es den Sinn des Satzes marginal modifiziere. Und am Ende, wenn sämtliche Argumente ausgetauscht und das letzte Komma gesetzt wurden, klopfen sich alle mit stolzer Brust auf die Schulter im Glauben, das Land ein Stück vorangebracht zu haben.

Einen größeren Kontrast zur Kommakultur der Parteipolitik hätte es kaum geben können.

Es braucht eine gewisse Zeit, um die Sinnhaftigkeit dieses Systems zu hinterfragen und zu der Erkenntnis zu gelangen, dass es der letzte Ort ist, an dem Innovation stattfinden kann. Ich verlor mit einem Schlag jegliches Interesse, an derartigen Kommadiskussionen teilzunehmen.

Bevor ich Geschäftsführerin des *KI*-Bundesverbandes wurde, war ich Teil des Startup-Verbandes in Deutschland. Einen größeren

Kontrast zur Kommakultur der Parteipolitik hätte es kaum geben können. Die *Start-ups*, die ich im Rahmen des Verbands kennenlernte, waren das genaue Gegenteil dessen, was ich in der Politik erlebt hatte. Es wurde wenig geredet, dafür aber viel gemacht. Ich habe festgestellt, dass ich die großen Visionen, die Macherkultur und die Aufbruchsstimmung hier wesentlich ansprechender finde. Meine optimistische Grundeinstellung fand ich gespiegelt. Der *Start-up*-Kultur haftet eine fundamentale Ehrlichkeit an, von der sich viele eine Scheibe abschneiden können. Im Zentrum stehen die konkreten Probleme, die *Start-ups* lösen wollen. Wenn diese keinen Mehrwert stiften, werden ihre Produkte nicht gekauft und die Unternehmen gehen ein. So einfach ist das. Es liegt in der Natur der Sache, schlank aufgestellt zu sein, effizient zu arbeiten und in schnellen Schritten voranzukommen. Das Eingehen kalkulierter Risiken ist normal. Fehler machen gehört dazu. Wer eine Kommadiskussion führen möchte, wird zu Recht ausgelacht und gnadenlos überholt. Besonders deutlich wurde dies im Rahmen der Covid-Pandemie. Zahlreiche *Start-ups* reagierten blitzschnell auf die neuen Marktbedingungen und boten bereits Lösungen an, als sich die Politik noch verschlafen die Augen rieb.

Als der Bund das Digitalbudget strich und dadurch LEAM weiter verzögerte, kristallisierte sich eine Erkenntnis heraus, die uns im Nachgang geradezu trivial erschien: Statt als groß angelegtes Projekt und in einer Kooperation aus Politik und Wirtschaft den Nährboden für europäische Sprachmodelle zu bereiten, mussten wir unser eigenes schlicht selbst entwickeln.

Ein wichtiger Teil des Teams um LEAM, der aus Hans Uszkoreit, Feiyu Xu, Johannes Otterbach und mir bestand, begann, die Grundpfeiler für nyonic zu legen. Hans ist einer der führenden Computerlinguisten der Welt. Feiyu hatte vorher die *KI*-Abteilungen von SAP und Lenovo geleitet. Johannes war einer der wenigen Europäer, die OpenAI GPT-2 und GPT-3 mitentwickelt haben. Und ich hatte das größte *KI*-Netzwerk Europas aufgebaut.

Konflikte und Streit im Gründungs-team sind die Hauptgründe, warum Start-ups scheitern.

nyonic war daher kein Zufallsprodukt. Es war das Ergebnis einer Kooperation, die Jahre zuvor begonnen hatte. Wir hatten bereits erfolgreich zusammengearbeitet. Der Partner eines der größten *VC*-Häuser in Europa hat mir einmal gesagt: »In Teams, die sich nicht seit mehr als zwölf Monaten kennen und zusammenarbeiten, investiere ich nicht.« Das sei ihm zu riskant, denn Konflikte und Streit im Gründungsteam sind die Hauptgründe, warum *Start-ups* scheitern. Das ist eine sinnvolle Prämisse, die ich gut nachvollziehen kann. Ein fast noch wichtigerer Aspekt, der bei der Betrachtung von Gründungsteams oft zu kurz kommt, ist Diversität. Bei nyonic habe ich das sehr deutlich erlebt. Unser Team setzte sich zusammen aus Veteranen des *Start-up*-Ökosystems, aber auch der Konzernwelt, aus jungen und erfahrenen Köpfen, aus Techies, Kommunikations- und Managementexperten. Das ist ein zweischneidiges Schwert. Die verschiedenen Sichtweisen und Erfahrungswerte sind ein enormer Vorteil, weil es für die meisten Situationen schon Referenzerlebnisse gibt. Das führt zu vielen Aha-Momenten. Wir konnten uns mit unseren unterschiedlichen Erfahrungen gegenseitig bereichern. Die Forschung stützt das – ein McKinsey-Bericht aus dem Jahr 2015 fand heraus:

Unternehmen mit hoher Vielfalt im Management performen besser.

Gleichwohl verlangen heterogene Teams ihren einzelnen Mitgliedern eine Menge kommunikativer Finesse ab. Es ist oft einfacher, wenn alle das Gleiche denken und fühlen. Falls jedoch unterschiedliche Sichtweisen, kulturelle Erfahrungen und Referenzsituationen aufeinanderprallen, dann braucht es Fingerspitzengefühl. Kurzum: Es muss viel mehr abgesprochen werden, was auch bremsend wirken und zu Konflikten führen kann.

Bei nyonic bauten wir ein Team, das sowohl in Europa als auch in China angesiedelt war. Das hatte historische Gründe. Han Dong, ein ehemaliger Student von Hans, hatte wenige Monate vor uns begonnen, mit einer kleinen Gruppe erfahrener *KI*-Experten ein *Large Language Model* (*LLM*) für China zu entwickeln. Das Team war gerade dabei, nach einer geeigneten Finanzierung zu suchen. Wir entschlossen uns, unsere Vorhaben zu vereinen. Statt eines *LLM* für China entwickelten wir nun gemeinsam *LLMs* für die Industrie in Europa. Auch das ist ein zweischneidiges Schwert. Auf dem Papier klang das toll: Ein interkulturelles Team, die besten *KI*-Experten aus Europa und China arbeiten gemeinsam an der Vision der Zukunft.

Die Zustände in Deutschland, auf die wir stießen, sind – das muss man leider sagen – geradezu peinlich.

Die geopolitischen Herausforderungen machten das Vorhaben komplex. Aber es war nichts, das unüberwindbar schien. Fast jedes DAX30-Unternehmen hat einen Sitz in China. Und wir? Wir waren dafür geradezu prädestiniert: Han Dong und Feiyu Xu als deutsche Staatsbürger mit chinesischen Wurzeln an Bord und Hans Uszkoreit, der viele Jahre für das Deutsche Forschungszentrum für Künstliche Intelligenz in Beijing gearbeitet hatte. Wer, wenn nicht wir, sollte eine erfolgreiche deutsch-chinesische Partnerschaft möglich machen? Die deutsch-chinesische Achse brachte einige Vorteile. Einer davon war die Fachkräftegewinnung. Während es hierzulande zwischen drei und sechs Monate dauert, um neue Fachkräfte zu finden und einzustellen, vergehen dafür in China keine zwei Wochen. Die Zustände in Deutschland, auf die wir stießen, waren und sind – das muss man leider sagen – geradezu peinlich. Das fing schon bei den bürokratischen Hürden an. Die Berliner Behörden rieten uns, ausländische Fachkräfte sollten über ihre Botschaften ein Visum beantragen, denn in Berlin könne man allein für die Terminfindung mit mehreren Wochen rechnen. Viele Kollegen seien in die Asylbehörde abgezogen worden und man sei leider chronisch unterbesetzt. Um die Visaprozesse haben wir uns als Arbeitgeber letztlich selbst gekümmert. Das war der einzige Weg, die Sache zu beschleunigen.

Es gab weitere Herausforderungen. Beispielsweise sind die meisten Arbeitsverträge hierzulande so gestrickt, dass sie Mitarbeitende lange ans Unternehmen binden. Kündigungsfristen von drei bis sechs Monaten sind keine Seltenheit. Dazu kommen unnötige Wettbewerbsklauseln. Viele der besten europäischen Fachkräfte im *KI*-Bereich sind obendrein bereits in die USA abgewandert, um dort an großen *KI*-Modellen zu arbeiten, sodass man sie kostspielig zurücklocken muss.

Das chinesische Team, das zu nyonic dazugestoßen war, ermöglichte uns, diese Herausforderung zu überwinden. Unser Engineering Office in Shanghai konnte sich eines Marktes exzellent ausgebildeter Talente bedienen, die aus der Beijing Academy of Artificial Intelligence und der Tsinghua University hervorgingen, die beide eigene *LLMs* entwickeln. Auch große Tech-Unternehmen wie Baidu und Alibaba forschen an *KI*-Modellen der neuesten Generation und fungieren dadurch wie Ausbildungszentren für hoch qualifizierte Fachkräfte, die den Arbeitsmarkt beflügeln.

Wir mussten aber auch andere Probleme lösen: Die geopolitische Lage zwang uns zu einem akribischen Fokus auf IP- und Datenschutz. Wir wollten sicherstellen, dass die Daten unserer Kunden das europäische Rechtsgebiet nicht verlassen, und suchten nach lokal ansässiger Recheninfrastruktur. Wir hätten genau das gebraucht, was wir mit LEAM so lange gefordert hatten. Wir fanden sie zwar vor, denn neue Anbieter waren auf den Markt gedrungen, jedoch kam keiner davon aus Deutschland.

Manche Unternehmen werden im sogenannten Stealth-Modus gebaut. Eine gewisse Zeit lang, vor allem bei technischen Themen, operieren die Gründenden im Verborgenen. Für nyonic wäre das ein spannender Weg gewesen. Frei von jeglichem Medieneinfluss und politischer Einflussnahme hätten wir uns in den ersten Monaten darauf fokussieren können, ein Modell zu trainieren, das wir dann mit viel Tamtam hätten veröffentlichen können: Hurra, da sind wir!

Ein schöner Gedanke – für uns aber unrealistisch. Wir kamen alle aus sehr visiblen Rollen. Für Monate abzutauchen war schlicht nicht drin. Also blieb uns nur die Flucht nach vorn. Wenn schon öffentlich, dann wollte ich es knallen lassen. Denn das hat ja auch Vorteile.

Ich wählte dafür einen Weg, der vielen unüblich erschien. Auf meinem LinkedIn-Profil postete ich einen Beitrag mit folgender Überschrift: »Exciting news: I am founding nyonic, an AI company dedicated to developing Generative AI for Europe«.

nyonic wurde als die europäische Hoffnung angepriesen, in der KI-Welt ganz oben mitspielen zu können.

Parallel veröffentlichten wir eine Pressemitteilung und verschickten sie an alle wichtigen Zeitungen und Magazine Deutschlands. Zahlreiche Medien griffen die Story auf. Mit einigen führte ich noch am selben Tag Interviews und gab Statements ab. Keine 24 Stunden nach Veröffentlichung meines LinkedIn-Beitrags war die Gründerstory überall zu lesen. Wenige Tage später zählten wir über 40 Artikel. nyonic wurde als die europäische Hoffnung angepriesen, in der *KI*-Welt ganz oben mitspielen zu können. So sprach beispielsweise die WirtschaftsWoche von einem »Dream-Team der deutschen *KI*-Szene« und das Handelsblatt kürte uns zu einem der wichtigsten Hoffnungsträger der europäischen *Start-up*-Landschaft. Es verging kaum ein Tag, an dem nicht eine neue Meldung über das, was wir mit nyonic vorhatten, die Runde machte. Wahlweise stand die politische Brisanz, die Technologie oder die Geschichte um Feiyu Xu und mich im Vordergrund.

Wer ab Tag eins eine kohärente Story erzählen muss, hat viel weniger Raum zur Selbstfindung.

Diese Aufmerksamkeit brachte zahllose Kundenkontakte mit sich. Ich übertreibe nicht, wenn ich sage, dass die Industrie uns regelrecht die Türen einrannte. Kein Wunder: Nicht nur in Deutschland, sondern global gab es kein *KI*-Modell, das in europäischen Sprachen und komplexen Industrieanwendungen gute Resultate liefern konnte. Auch viele Investoren kamen auf uns zu. Die Kombination aus Hype und einem hochkarätigen Team spielte uns in die Hände. An der Bewerberfront sah es ähnlich aus. Für ein Unternehmen, das eine so ambitionierte Mission verfolgte, wollten viele arbeiten. Ich habe die verrücktesten Bewerbungen bekommen. Wenige Tage nach Verkündung unserer Gründung beispielsweise meldeten sich zahlreiche C-Level-Executives großer deutscher Tech-Unternehmen und Grown-ups, die bei uns einsteigen wollten. Ein solcher Wirbelsturm birgt aber auch Risiken, in denen man sich schnell verirren kann. Wer ab Tag eins eine kohärente Story erzählen muss, hat viel weniger Raum zur Selbstfindung – eine Tatsache, die uns später noch auf die Füße fallen sollte.

Wer *Start-up*-Erfahrung gesammelt hat, weiß: Die ersten Hypothesen halten immer nur so lange, bis sie getestet werden. Die Realität ist zumeist eine andere als die Theorie, welche im Kopf so schön viel Sinn ergibt. Wer ab Tag eins eine Story in die Welt hinausposaunt und diese Story im Hintergrund hinterfragt, verfeinert und verändert, setzt sich selbst einem enormen Druck aus. Denn natürlich haben wir uns weiterentwickelt. Gestartet sind wir mit einer klaren Beobachtung: Es gibt einen großen Bedarf an Sprachmodellen in Europa. *KI* transformiert viele Industrien grundlegend. Europa ist blank.

Der besondere Fokus auf die industrielle Anwendung, den wir verfolgten, kam aber erst später hinzu. Das war eine Spezialisierung, die am Anfang noch nicht absehbar war, sondern sich erst über einige Monate hinweg und als Resultat vieler Gespräche mit potenziellen Kunden ergab.

Ich habe mich im Nachgang oft gefragt, ob ich diesen visiblen Weg so noch einmal gehen würde. Die Antwort lautet: Ja. Denn die starke Öffentlichkeitsarbeit und die Omnipräsenz in allen wichtigen deutschen Medien hat uns geholfen, ab Tag eins als ernst zu nehmender Player wahrgenommen zu werden. Das ganze Ökosystem wurde auf uns aufmerksam – und beobachtete mit Argusaugen, was wir taten. Insbesondere in einer frühen Phase der Unternehmensentwicklung kann eine starke Medienpräsenz ein großer Gewinn sein, weil die Kundenakquise, das Hiring und das Fundraising leichter werden. Was ich aber jedem angehenden Gründer und jeder Gründerin mit auf den Weg geben würde: Es braucht eine klare Ausrichtung und Vision – denn wenn einmal eine Story in den Köpfen der Menschen drin ist, wird es schwer, diese zu verändern.

Das Trainieren von *Large Language Models* ist sehr rechenintensiv – und deshalb teuer. Die erste Finanzierungsrunde, die wir abgeschlossen hatten, lag im unteren zweistelligen Millionenbereich. Das ist nur ein kleiner Bruchteil dessen, was ein Unternehmen, das *KI*-Modelle entwickeln will, zu verschlingen plant. Mehrere hundert Millionen Euro kosten solche Vorhaben, weshalb wir direkt nach Abschluss dieser ersten Runde mit den Vorbereitungen für die nächste begannen. Das Ziel: 150 Millionen Euro.

VCs sind Herdentiere – wenn sie das
Gefühl bekommen, eine spannende
Möglichkeit zu verpassen, wird ihr
Interesse erst so richtig geweckt.

Da sich zahlreiche *VC*s proaktiv bei uns meldeten, blieb uns das typische Klinkenputzen erspart. Ohnehin habe ich die Erfahrung gemacht, dass zu viel ›aktives Fundraising‹ selten hilft. Wer ein Thema hat, das im Trend liegt, fährt oft besser, mit wenigen ausgewählten *VC*s in Kontakt zu treten und sich dann unter der Hand weiterempfehlen zu lassen. Ein warmes Intro von einem *VC* zum anderen oder von einem befreundeten Gründerteam hilft mehr, als Investoren kalt anzuschreiben. *VC*s sind Herdentiere – wenn sie das Gefühl bekommen, eine spannende Möglichkeit zu verpassen, wird ihr Interesse erst so richtig geweckt.

Die Kunst liegt darin, Trendthemen mit einem besonderen Fokus zu vermengen, damit ein explosives Gemisch entsteht. *VC*s verfolgen meist bestimmte Themen, bei denen sie sich künftig positive Marktopportunitäten erhoffen. Daraus ergeben sich thematische Korridore – liegt ein *Start-up* in diesem Korridor, ist es für den *VC* grundsätzlich interessant. Natürlich sind das zumeist sehr kompetitive Bereiche, weshalb ein besonderer Spin nötig ist, mit dem sich das *Start-up* abgrenzen kann.

Generalistischen *Large Language Models* und Open-Source-Strategien standen viele kritisch gegenüber. Gab es da nicht schon genug in der Welt? Würde das die Zukunft sein? Auf diese Fragen fanden wir eine überzeugende Antwort: nyonic baute Foundation-Modelle, die speziell auf die Anwendungsbereiche der großen Industrien zugeschnitten und für fachliche, tiefe Aufgaben besser geeignet waren. Wir erklärten das so: Während allgemeine *LLM*s wie beispielsweise *ChatGPT* mit Abiturienten zu vergleichen sind – also ein breites Allgemeinwissen besitzen –, waren nyonic-

Modelle mit Doktoranden zu vergleichen: Experten auf ihren jeweiligen Gebieten und daher für viele industrielle Einsatzgebiete besser geeignet.

Die Menschen, die Teil des Unternehmens werden, bestimmen in starkem Maße dessen Kultur.

Wir griffen deshalb zu solchen Vergleichen, die – zugegebenermaßen – eine starke Vereinfachung darstellen, weil ich einen interessanten Unterschied bemerkte. Während amerikanische Investoren unseren Ansatz schnell verstanden, fehlte es den europäischen *VC*s oft an Vorstellungsvermögen. Deshalb entwickelten wir viele konkrete Beispiele, wie unsere Modelle künftig von großen Industrieunternehmen eingesetzt werden könnten. Europäischen *VC*s half dies, das Potenzial besser einzuschätzen. Amerikanische *VC*s traten erfahrener auf. Sie kannten die Potenziale großer *KI*-Modelle bereits.

Ich bin fest davon überzeugt, dass die Mitstreiter, die für ein *Start-up* gewonnen werden können, den größten Anteil an dessen langfristigem Erfolg ausmachen. Die Menschen, die Teil des Unternehmens werden, bestimmen in starkem Maße auch dessen Kultur. Herrscht ein hohes Leistungsbewusstsein? Helfen sich die Menschen gegenseitig und wachsen an ihren Aufgaben? Werden Probleme offen angesprochen und effektiv gelöst? Können sich alle hinter dieselbe Mission stellen und arbeiten intrinsisch motiviert? Jedes Unternehmen hat eine Kultur – aber nicht überall ist diese positiv. Ich habe die Erfahrung gemacht, dass der kulturelle Fit einer der Schlüsselfaktoren für den Unternehmenserfolg ist und dessen Sicherstellung eine wichtige Aufgabe des Gründungsteams darstellt.

Hochkarätige Menschen ziehen weitere Top-Leute an, eine inspirierende Unternehmenskultur treibt zu Höchstleistungen. Das ist ein kaskadierender Effekt, der in beide Richtungen funktioniert. Eine schlechte Kultur, nicht zueinander passende Menschen und die falschen Anreize können das Klima vergiften.

Das persönliche Kennenlernen und das Testen auf den kulturellen Fit kann man nicht delegieren.

Ich halte es deshalb für wichtig, dass die Gründenden zumindest ein Gespräch mit den Talenten selbst führen und dies nicht vollständig den Fachabteilungen überlassen. Wenn ein Unternehmen schnell wächst, werden Bewerbungsgespräche oft zu einer zeitintensiven Belastung, die gerne delegiert wird. Davon rate ich ab – auch wenn es anstrengend ist. Das persönliche Kennenlernen und das Testen auf den kulturellen Fit kann man nicht delegieren.

Ich kann mit Stolz behaupten, dass wir bei nyonic das schlagkräftigste Team aufgebaut haben, mit dem ich je zusammengearbeitet habe. Das lag auch daran, dass wir großen Wert darauf gelegt haben, am Berliner Standort ein Arbeitsklima zu schaffen, in dem es zwei übergeordnete Prämissen gab. Erstens: Fehler zu machen ist okay. Wer keine Fehler macht, hat nicht genug gewagt. Zweitens: Jeder Einzelne übernimmt Verantwortung für sein Handeln – und muss erklären können, warum er etwas so und nicht anders macht. ›Ownership‹ nennt sich das heute und das Wort trifft die Sache auf den Punkt. Diese beiden Eckpfeiler bieten einen sehr gesunden Rahmen, der zu Proaktivität auffordert, gleichwohl aber auch vermittelt: Nicht alles muss auf Anhieb funktionieren – solange du lernst und jeden an dieser Lernerfahrung teilhaben lässt, war es nicht umsonst.

Je größer die kulturellen Unterschiede der Herkunftsländer sind, desto eher kommt es zu Missverständnissen.

Das klingt leichter, als es in der Praxis ist – insbesondere dann, wenn Teams aus unterschiedlichen Kulturen zusammengesetzt sind. Bei nyonic hatten wir ein interkulturelles, multilinguales Team, das aus Deutschen, Franzosen, Indern, Chinesen, Briten und Kanadiern bestand. Wer schon einmal internationale Teams geleitet hat, weiß: Je größer die kulturellen Unterschiede der Herkunftsländer sind, desto eher kommt es zu Missverständnissen, die ganze Prozesse lahmlegen können.

Ich habe die Erfahrung gemacht, dass chinesische Teams einen sehr hierarchischen Führungsstil gewohnt sind. Sie erwarten klare Ansagen und Anweisungen und legen zu offen formulierte Aufgabenstellungen schnell als Führungsschwäche und fehlende Zielstrebigkeit aus. Obschon auch Deutschland einen vergleichsweise hierarchischen Führungsstil gewohnt ist, hat sich in den letzten Jahren insbesondere im *Start-up*-Bereich ein gänzlich anderes Klima entwickelt. Teammitglieder schätzen es, Freiheit bei der Ausgestaltung ihrer Rolle zu genießen. Es zählt, dass man zum Ziel kommt, aber wie man dahin kommt, ist jedem selbst überlassen. Die deutsche *Start-up*-Kultur zieht es vor, Verantwortung zu übernehmen und eigene Entscheidungen zu treffen. Das wirkt sich auch auf die Art und Weise aus, wie Führungskräfte agieren. Während in der hiesigen *Start-up*-Szene der Gründer ›einer vom Team‹ ist und sich durchaus einen Schreibtisch mit allen anderen teilen kann, ist das Verhältnis zwischen Vorgesetzten und Teammitgliedern in anderen Kulturen häufig von mehr Distanz geprägt.

Mit diesen Unterschieden muss man klarkommen. Kommunikation hilft hier viel. Denn den meisten Menschen sind diese kulturellen Unterschiede gar nicht bewusst. Wenn sie aber darauf angesprochen werden, fällt es vielen leicht, Situationen anders wahrzunehmen. Die >stets offene Tür< des CEOs wird dann nicht als Schwäche, sondern als Einladung wahrgenommen. Mir hat es geholfen, immer wieder diese kulturelle Brille aufzusetzen, um Dynamiken zu verstehen und manchen Missverständnissen vorzubeugen.

Wir haben es geschafft, nyonic innerhalb kürzester Zeit zu einem Unternehmen zu machen, das internationale Bekanntheit genoss, die besten Talente aus der *KI*-Szene anzog und kurz davor war, nur wenige Monate nach Gründung eine *Series-A*-Finanzierungsrunde in Höhe von 150 Millionen Euro abzuschließen.

Gerade deshalb fiel mir der Schritt, den ich mich gemeinsam mit meinen Mitgründern Feiyu, Hans und Johannes im Januar 2024 zu tun gezwungen sah, unglaublich schwer. Geschlossen informierten wir das Board, dass wir unsere Ämter niederlegen und das Unternehmen verlassen würden. Diesem Schritt waren viele zähe Verhandlungen vorausgegangen, bei denen es um den Kern dessen ging, was wir mit nyonic zu erreichen versuchten: den Aufbau europäischer Foundation-Modelle für die Industrie, die europäischen Standards entsprechen – in Sachen IP-Schutz, Datensicherheit und Infrastruktur. Trotz guter Antworten stießen wir im chinesischen Leadership-Team auf erhebliche Hindernisse, diese hohen europäischen Standards als Kernelement der Modelle, die wir entwickelten, sicherzustellen. Für uns vier waren diese Vision und das starke Engagement für Europa nie verhandelbar.

Es kam zu unüberbrückbaren Differenzen über die strategische Ausrichtung des Unternehmens. Die deutsch-chinesische Kooperation und die damit verbundenen geopolitischen Herausforderungen wurden zum Flaschenhals. Teile des Leadership-Teams hatten sich von der europäischen Vision entfernt. Mit aller Kraft versuchten wir, die europäische Vision zu schützen, mussten uns aber nach monatelangem Tauziehen eingestehen: Der einzige Weg nach vorn bestand im Schritt nach draußen.

Scheitern gehört zum Erfolg dazu. Genauso wie an einer Vision, an die man glaubt, festzuhalten.

Es war nicht leicht, ein Unternehmen zu verlassen, in das ich mein Herzblut gesteckt hatte. Aber mir war klar, dass ich finanziellen und unternehmerischen Erfolg nicht über das stellen würde, was ich für richtig halte.

Scheitern gehört zum Erfolg dazu. Genauso wie an der eigenen Vision festzuhalten. Wir sollten uns nicht nur fragen, was wir erreichen wollen, sondern auch, welche Person wir dabei sind und werden. Wer sich zwischen Werten und Erfolg entscheiden muss, sollte stets Ersteres wählen. Es sind Entscheidungen, die uns nachhaltig begleiten und positiv beeinflussen. Wir haben groß gedacht – und sind gescheitert. Das ist kein Grund zur Trauer. Viel mehr Menschen sollten so denken. Wer das Scheitern als notwendigen Schritt zum Erfolg betrachtet, kann kaum verlieren. Aus Fehlschlägen lernen wir am meisten.

Ich habe so viel aus meinen Fehlern gelernt – ich denke darüber nach, noch mehr zu machen.

Wir müssen uns trauen, stets aufs Neue ins eiskalte Wasser zu springen. Eine der wichtigsten Fähigkeiten auf dem Weg zum Erfolg ist, die Angst vor dem kalten Nass zu überwinden. Meistens sehen wir nur die Erfolge anderer Menschen – doch gingen auch diesen zumeist unzählige Sprünge ins kalte Wasser voraus. Ich freue mich schon auf meinen nächsten Sprung.

CODE
University

Curiosity-driven Education

Thomas Bachem

STECKBRIEF

Name: **THOMAS BACHEM**

Geburtsdatum: 14.11.1985

Geburtsort: Bergisch Gladbach

Ausbildung: Autodidakt (+ B.A. International Business, aber nahezu irrelevant für meinen Werdegang)

Ursprünglicher Berufswunsch: Unternehmer

Erste Gründung im Alter von: 15

Fun Fact: Ich war mit 31 Deutschlands jüngster Hochschulkanzler, habe mich aber gleichzeitig oft nicht älter als meine Studierenden gefühlt.

Beruf Vater: Wirtschaftsprüfer

Beruf Mutter: Steuerberaterin

Vorbilder: Ich liebe die Vielfalt und lasse mich von sehr vielen verschiedenen Menschen inspirieren.

Bester Tipp, den ich je bekommen habe: »Alle sagten: ›Das geht nicht!‹ Dann kam einer, der wusste das nicht und hat es einfach gemacht.«

Mein persönlicher Myth Buster: Ich habe erst mit 36 erfahren, dass ich ADHS im Erwachsenenalter habe – seitdem verstehe ich mich selbst besser und arbeite noch effektiver.

Buch, das man gelesen haben muss: ›The Three-Body Problem‹ (Trilogie) von Cixin Liu

Thomas Bachem ist eines der Wunderkinder der deutschen *Start-up*-Szene. Bereits mit zwölf Jahren brachte er sich selbst das Programmieren bei und wurde schon während der Schulzeit unternehmerisch tätig. Er zählt zu den Top 40 Under 40 der Wirtschaftszeitschrift Capital und wurde 2017 vom Handelsblatt zum Gründer des Jahres gekürt. An der von ihm gegründeten Hochschule begibt man sich auf eine maßgeschneiderte akademische Reise, die drei verschiedene Studienprogramme umfasst. Dabei ist jeder Weg so einzigartig wie die Studierenden, die ihn wählen, und führt zu einem hoch spezialisierten Bachelorabschluss. Vor dem Aufbau der mit dem Deutschen Exzellenz-Preis ausgezeichneten CODE University gründete Tom *Start-ups* wie sevenload und Lebenslauf.com sowie den Bundesverband Deutsche Start-ups. Als Mitinitiator und Vorstand der Initiative ›code+design‹ sowie Beirat bei ›STARTUP TEENS‹ fördert Tom gemeinnützige Jugendinitiativen für digitale Skills und Unternehmertum.

Hier die wichtigsten Tipps aus Toms Founder's Story:

Dos:

- Netzwerken, bis der Arzt kommt bzw. der Bundeswirtschaftsminister anruft
- *Bootstrapping* für maximalen Profit beim *Exit*
- Mentoren mit mehr Erfahrung suchen, als man selbst hat

Don'ts:

- Geteilte Zuständigkeiten für denselben Bereich
- Solo-Gründung, weil einsam und weniger Spaß
- Jammern statt machen

Toms
Founder's Story

Ich engagiere mich in acht Ehrenämtern, habe vier Unternehmen gegründet sowie einen Verband, einen Verein und eine Hochschule. Bis vor Kurzem war ich der jüngste Kanzler Deutschlands – allerdings nicht Bundeskanzler, sondern Hochschulkanzler. Und dabei bin ich noch keine vierzig Jahre alt. Die sogenannte Rushhour des Lebens fing bei mir mit fünfzehn an und seitdem stecke ich im dicksten Verkehr.

Anfang 2000 habe ich mein erstes Unternehmen namens Scaling Technologies gegründet. Und zwar mit einem *Co-Founder*, den ich drei Jahre lang nur via ICQ-Chat kannte. Überhaupt habe ich während der Zeit die prägendsten Freunde im Internet kennengelernt und mir mit ihnen gemeinsam das Programmieren beigebracht. Damals habe ich eine große Online-Community in Form einer Website mit einem Forum aufgesetzt. Dort haben wir uns ständig ausgetauscht, haben zusammen gelernt und sind daran gewachsen.

Diese Beschreibung würde auch auf die Lernmethodik der CODE University passen – aber dazu später mehr. Jedenfalls war einer dieser Menschen, mit dem ich bis heute zusammenarbeite, Sebastian Melchior. Mit ihm habe ich Scaling Technologies als Hosting- und Beratungsunternehmen gegründet. Das ist eine kleine, aber feine Bude, die Kunden Serverkapazitäten und Beratung angeboten hat. Es ist also keine Übertreibung zu behaupten, dass mich mein Freundeskreis dazu gebracht hat, unternehmerisch tätig zu werden.

Nicht Lehrer brachten mir das Spannendste bei, sondern ich selbst.

Ich habe mich oft gefragt, wie ich schon in früher Jugend eine so ausgeprägte Unternehmerpersönlichkeit entwickeln konnte. Heute bin ich sicher, dass mein Elternhaus einen entscheidenden Beitrag dazu geleistet hat: Stabilität. Mein Vater ist Wirtschaftsprüfer, meine Mutter Steuerberaterin – beides nicht unbedingt gründungsaffine oder gar risikofreudige, sondern sehr solide Berufsbilder und Persönlichkeiten. Meine Theorie ist, dass sie mir während der Kindheit ein derart stabiles Umfeld geboten haben, dass ich seitdem nie ein ausgeprägtes Bedürfnis nach Sicherheit verspürt habe. Das gab mir die Möglichkeit, kreativere und riskantere Sachen auszuprobieren. Dabei haben meine Eltern mir jegliche Freiheit gelassen und mich bestärkt.

Ab dem Moment, an dem ich autodidaktisch das Programmieren gelernt habe, das war mit knapp 13, hat sich bei mir etwas entwickelt, das man heute ›Growth Mindset‹ nennen würde. Es war die Erkenntnis, dass mir nicht Lehrer das Spannendste beibringen, sondern ich selbst. Und Mentoren aus meinem näheren Umfeld. In meinem Fall war das Ibrahim »Ibo« Evsan, mit dem ich schon während der Jugend als Freelancer gearbeitet habe. Damals habe ich für Geschäftskunden Websites für einen Schnäppchenpreis von 400 Euro entwickelt, was für mich als Schüler jedoch viel Geld war. So konnte ich mein Taschengeld aufbessern, war bereits selbstständig und somit der Schritt zur Gründung eines *Start-ups* nicht mehr allzu groß. Außerdem hat es nicht geschadet, dass Ibo zehn Jahre älter war als ich. Dadurch hatte er schon eine Menge Erfahrung, die, gepaart mit meiner jugendlichen Kreativität, eine prima Kombination war. Doch wir waren nicht nur unterschiedlich alt, sondern haben uns auch vom Skillset her gegenseitig ergänzt. Ich war eher der Techie und analytisch Denkende, er hingegen ein wahnsinnig inspirierender Netzwerker und Redner.

Zum Glück ist mir die Schule damals weitestgehend zugeflogen – Fleiß war es garantiert nicht. Fürs Leben gelernt habe ich dort hauptsächlich durch meine Zeit als Schülersprecher. Leute zusammenzubringen, Veranstaltungen zu organisieren und mit meinen Freunden gemeinsam etwas auf die Beine zu stellen, hat mir Spaß gemacht und mich geprägt. Für mich war es das Beste, innerhalb einer Community von Freunden gemeinsam zu wachsen und Dinge auf die Straße zu bringen.

sevenload war so erfolgreich, dass ich während des Studiums vor allem durch Abwesenheit glänzte.

Neben dem BWL-Studium in meiner Heimatstadt Köln habe ich mit Ibo mein erstes richtiges *Start-up* gegründet. Irgendwann hatten wir genug Websites für andere gebaut und wollten selbst etwas starten. Damals kamen die ersten Fotoplattformen wie Flickr auf, die technologisch neue Maßstäbe gesetzt haben. Zu der Zeit schafften sich immer mehr Leute Digitalkameras an und haben damit nicht nur Fotos geschossen, sondern auch zunehmend Videos gedreht. Wir bauten dann eine Plattform namens sevenload, die eine Mischung aus Flickr und YouTube war. Und sie war so erfolgreich, dass ich in der zweiten Hälfte meines Studiums vor allem durch Abwesenheit glänzte. Glücklicherweise hatte ich mich in der ersten Hälfte auch wieder stark in der Studierendenvertretung engagiert. Ohne mir dessen bewusst zu sein, habe ich damals bereits die Blaupause für die Didaktik entwickelt, die heute die Grundlage meiner Hochschule CODE ist: selbstständiges Lernen in Gruppen anhand konkreter Projekte. Den Abschluss habe ich trotzdem geschafft – obwohl ich nicht wirklich das Gefühl hatte, ihn jemals brauchen zu werden. Erst später wurde mir klar, dass man als Kanzler einer Hochschule doch besser selbst auch einen Abschluss hat – doch diese Erkenntnis lag noch viele Jahre in der Zukunft.

Nach vier Jahren haben wir sevenload an den Burda-Verlag verkauft. Das war 2010 und die Gründerszene war damals noch eine echte ›Szene‹ – längst nicht so ausgeprägt wie heute. Allerdings hatte ich durch den *Exit* keinesfalls ausgesorgt. Das kommt übrigens häufiger vor, als manch einer das vielleicht denkt. Wir hatten eine Menge *Venture-Capital* eingesammelt – insgesamt 26 Millionen Euro –, das erst einmal zurückgezahlt werden musste. Danach blieb nicht mehr viel für uns Gründer übrig. Außerdem war das zu einer Zeit, in der die Amerikaner bei den Themen Online-Communities und werbefinanzierte Geschäftsmodelle führend waren. Google hatte YouTube im Jahr 2006 für die Rekordsumme von 1,65 Milliarden US-Dollar gekauft und anschließend noch einmal deutlich mehr in die Weiterentwicklung der Plattform investiert. Dafür fehlten in Deutschland sowohl das Kapital als auch die Fantasie. Dementsprechend war unsere Bewertung nicht annähernd so hoch wie die von YouTube. Wir hatten also nicht ausgesorgt, so wie Chad Hurley und Steve Chen, die Gründer von YouTube. Mir ist es wichtig, das zu erwähnen. Auch wenn es in der Presse womöglich anderes rüberkam, ist nicht immer alles Gold, was glänzt.

Gelernt hatten wir auf jeden Fall eine Menge und waren voller Energie für weitere *Start-up*-Abenteuer. Wenige Monate später haben Ibo und ich dann das Gaming-*Start-up* Fliplife gegründet.

Die Idee dazu hatten wir schon während unserer Zeit bei sevenload. Als Techie hatte mir die technische Produktentwicklung stets
am meisten Spaß gemacht und Spiele waren für mich die höchste Kunstform, bei der Technik, Design und Storytelling zusammenkommen. Zu dem Zeitpunkt hatte ich genug Erfahrung und
Know-how, um mich daran zu versuchen. Im Nachhinein muss
ich jedoch sagen, dass ich nie wieder in der Spieleindustrie arbeiten wollen würde. Die ist wirklich sehr speziell und extrem tough.
Nicht umsonst nennt man es ein ›Hit-driven Business‹. Wenn ein
Game kein Spitzentitel wird, ist man ganz schnell weg vom Fens-
ter. Das Risiko ist also extrem hoch, denn die Entwicklungskosten
sind es auch. Die Arbeitszeiten sind brutal, gerade in der Crunch-
time kurz vor dem Release. Wer das mal erleben will, ohne es selbst
durchstehen zu müssen, dem empfehle ich das Buch ›Tomorrow,
and Tomorrow, and Tomorrow‹ von Gabrielle Zevin. Neben einer
wunderbaren Liebesgeschichte erzählt es von den harten Arbeits-
bedingungen in der Gaming-Industrie. Blauäugig wie wir waren,
glaubten wir, unsere Herangehensweise aus dem Webbereich –
testen, analysieren und stetig updaten – auf die Spieleindustrie
übertragen zu können. Doch das war ein Irrglaube und hat mehr
schlecht als recht funktioniert. Also haben wir die Firma in letz-
ter Minute verkauft. Denn wenn dir das Geld ausgeht, willst du ja
trotzdem, dass dein Projekt weiterläuft, allein schon der Mitarbeitenden wegen. Wir hatten damals ein tolles Team aus Entwicklern
und Designern zusammengestellt, denen wir uns verpflichtet fühl-
ten. Die Übernahme durch den Spieleentwickler Kaiser Games
war also eher ein *Acqui-Hire*, aus dem ich abermals bloß reicher an
Erfahrung, nicht an Kapital, hervorging.

Reich war ich zu dem Zeitpunkt höchstens an Erfahrung.

Fairerweise muss man sagen, dass ich mir ja jedes Mal ein vernünftiges Gehalt auszahlen konnte. Denn das Besondere an der *VC*-finanzierten *Start-up*-Industrie ist, dass man mit einer guten Idee und einem überzeugenden Pitch selbst als junger Mensch risikofrei eine Millionenfinanzierung bekommen kann, um seine Ideen Wirklichkeit werden zu lassen. Ich hatte also immer ein Auskommen, aber bislang kein Vermögen aufgebaut. Mit dem Mythos, dass ich durch diese beiden *Exits* Millionen verdient hätte, möchte ich an dieser Stelle ein für alle Mal aufräumen. Das war mir damals manchmal wirklich unangenehm, denn viele Leute haben mich plötzlich anders behandelt, weil sie dachten, ich wäre reich. Reich war ich zu dem Zeitpunkt höchstens an Erfahrung – und vielleicht auch ein bisschen an Ruhm.

Wenig später habe ich Lebenslauf.com ins Leben gerufen. Das war eher ein Zufallsprodukt. Die Schwester meiner damaligen Freundin wollte sich irgendwo bewerben und ihren Lebenslauf hochladen. Doch die Datei war zu groß und sie fragte mich, ob ich ihr helfen könne. Wie immer superbusy habe ich schnell gegoogelt, um ihr ein paar Links rüberzuschicken. Mir fiel auf, dass ich nur auf total spammy SEO-optimierten Seiten mit Tipps für den Lebenslauf gelandet bin. Diesen Teil des Internets fand ich so richtig zum Kotzen – und das hat etwas in mir getriggert. Sehr technikfokussiert habe ich einen What-You-See-Is-What-You-Get-(WYSIWYG)-Editor gebaut, der wie Word daherkam, aber mit ansprechenden Vorlagen. Den habe ich über die Jahre weiterentwickelt und er wurde so erfolgreich, dass irgendwann bestimmt 10 bis 20 Prozent aller CVs und Bewerbungsanschreiben in Deutschland darüber erstellt wurden. Und ohne es geplant zu haben, habe ich Lebenslauf.com im Jahr 2014 dann an Xing verkauft. Diesmal war die Company komplett gebootstrappt. Ich hatte keine Investoren an Bord, deren *Venture-Capital* ich hätte zurückzahlen müssen, und keinerlei Mitarbeitende mit etwaigen Anteilen. Es war eigentlich gar keine Company, sondern immer noch ein Projekt. Und deswegen lohnte es sich diesmal auch finanziell für mich – doch nicht auf einen Schlag. Denn der Deal war auf mehrere Jahre ausgelegt und hatte einen hohen variablen Anteil. Das Angebot von Lebenslauf.com sollte kostenlos werden und für Registrierungen auf Xing sorgen. Allerdings dauerte es damals recht lang, dort sein Profil anzulegen, und somit war die Eintrittsbarriere für User relativ hoch. Deswegen war die Entscheidung für mich mit vielen Ungewissheiten versehen, denn Xing weigerte sich, das vorab zu testen. Und dann habe ich mir irgendwann gedacht: Scheiß drauf! An einem Freitagabend habe ich über Nacht eine alternative Zahlungsfunktion eingebaut. Statt für die PDF-Version des Lebenslaufs mit PayPal zu zahlen, habe ich eine Xing-Registrierung verlangt. Allerdings war das in Wirklichkeit ein Fake. Am Ende bekam der User eine Fehlermeldung, dass mit der Registrierung etwas schief gelaufen sei. Den Lebenslauf gab es trotzdem – kostenlos. Das lief phänomenal und statt sonst 18 Prozent hatte ich plötzlich 90 Prozent Conversion Rate. Nach zwei Tagen sagte ich Xing zu – denn da war mir klar, dass der Deal gut laufen würde und das tat er dann auch.

Erst mit der zufällig entstandenen und gebootstrappten One-Man-Show hatte ich finanziellen Erfolg.

Interessant an meiner Geschichte ist, dass ich zweimal *VC*-basierte *Start-ups* gegründet und damit kaum Geld verdient habe. Erst mit der zufällig entstandenen und gebootstrappten One-Man-Show habe ich mich gesundgestoßen. Nichts gegen *Venture-Capital*, aber man muss sich bewusst darüber sein, dass dieses Business nach dem Prinzip ›Go big or go home‹ funktioniert. In gewisser Weise ist es wie bei einer Losbude, weswegen Fonds ja auch in viele *Start-ups* investieren, um ihre Chancen auf einen Erfolg zu erhöhen. So wie man etliche Lose kauft, um etwas zu gewinnen. Die ganzen Nieten, die vor der Bude auf dem Boden herumliegen, vergisst man dabei gern. Doch das Los trifft leider zahlreiche Gründende – heute noch mehr als damals. Denn wir waren schlicht nicht so viele. Die Szene war wesentlich kleiner, man kannte und traf sich auf den einschlägigen Branchenevents. Doch die Politik der Ära Merkel hatte ein sehr eingeschränktes Verständnis der *Start-up*-Szene. Die ließ sich lieber von Roland Berger beraten, flog mit Automanagern nach China und nahm für lukrative Geschäfte den Abfluss deutschen Know-hows billigend in Kauf. Innovative *Start-ups* wurden hingegen nur selten berücksichtigt. Das hat mich ziemlich genervt, aber es fehlte schlicht ein Sprachrohr für unsere Branche. Irgendwann besann ich mich auf diesen abgedroschenen Spruch: ›Unternehmer jammern nicht, sondern machen.‹ Zudem hatte ich bereits während des Studiums das erste Mal die Idee, eine eigene Hochschule zu gründen. Vorher einen Verband aufzubauen und die Politik besser zu verstehen, konnte da sicherlich nicht schaden. Also habe ich 2014 mit 28 Jahren den Bundesverband Deutsche Startups e.V. gegründet und jahrelang ehrenamtlich mit aufgebaut – zusammen mit Florian Nöll, der die ersten sieben Jahre den Vorsitz übernahm. Wir waren ein super Gespann, denn er verstand die Welt der Politik und ich kannte die halbe *Start-up*-Szene. In der ersten Woche habe ich 120 *Start-ups* überredet, als Mitglieder an Bord zu kommen. Viele fanden es cool, aber manche Gründenden haben mich auch belächelt. Die sagten, ich solle doch lieber die nächste Billion-Dollar-Company gründen.

Aber mir hat die Verbandsarbeit tatsächlich viel Spaß gemacht und durch sie habe ich mein Netzwerk entscheidend erweitert. Kein halbes Jahr später saß ich mit dem damaligen Wirtschaftsminister Philipp Rösler in der Regierungsmaschine auf dem Weg zu einer Tour durchs Silicon Valley. Irgendwann hatte ich die Handynummern diverser Minister, was total surreal für mich war. Nach den ersten sieben Jahren Aufbauarbeit hat dann 2019 mein alter Studienkommilitone aus Köln, Christian Miele, den Vorsitz des

Verbands übernommen und ihn extrem erfolgreich weiter ausgebaut. Mittlerweile ist Verena Pausder – auch schon lange eine Wegbegleiterin von mir – Vorstandsvorsitzende des Startup-Verbands und vertritt die Interessen unserer Branche, die längst keine kleine Szene mehr, sondern ein wichtiger Wirtschaftsfaktor geworden ist. Ich habe bei der Gründung und dem Aufbau damals extrem viel gelernt und mein Netzwerk exponentiell vergrößert. Von beidem profitierte mein nächstes Projekt und lang gehegter Traum: eine eigene Hochschule zu gründen.

Vor etwas mehr als sieben Jahren habe ich ihn mir erfüllt. Nicht jedoch, ohne zuvor zahlreiche Hürden zu überwinden. Eine davon steht zur Erinnerung in meinem Regal. Es ist der Antrag auf Konzeptprüfung, den wir 2016 eingereicht hatten, um die CODE zu einer staatlich anerkannten Hochschule für Angewandte Wissenschaften zu machen. Das ist ein ziemlich dicker Aktenordner voller Seiten, die ich und meine beiden Mitgründer damals geschrieben haben. Dann folgte ein Prozess von knapp zwölf Monaten und mehreren Gremiensitzungen des Wissenschaftsrats sowie Beratungen mit dem Land Berlin, bis wir im Sommer 2017 endlich zu einer staatlich anerkannten Hochschule wurden.

Das war für mich, der vorher Internet-*Start-ups* gegründet hatte, noch einmal eine komplett neue Erfahrung. Wir mussten den Antrag in achtfacher Ausfertigung ausgedruckt einreichen. Das heißt, es gibt irgendwo acht solcher Aktenordner – und der neunte steht bei mir zu Hause. Ich habe mir fest vorgenommen, ihn nach zehn Jahren noch einmal zu lesen, und bin gespannt, was davon noch zutrifft. Aber ich bin mir sicher, dass es sich weiterhin anders liest als die Anträge von Universitäten, die klassische Informatikstudiengänge anbieten. Da ich mir ja schon als junger Teenager das Programmieren beibrachte, hatte ich mich nach der Schule in dem Bereich natürlich umgeschaut. Doch ich empfand die Lücke zwischen Theorie und Praxis, so wie ich sie kennengelernt hatte, als riesig. Für mich war Softwareentwicklung ein sehr kreatives, interdisziplinäres Feld. Und das war an deutschen Unis so überhaupt nicht zu finden.

Deswegen schrieb ich mich 2005 in Köln an einer kleinen Business School mit 300 Studierenden ein. Als ich bereits kurz nach dem Studienstart den dahinterstehenden Besitzer kennenlernte, wurde mir klar, dass man auch Hochschulen gründen kann. Und es mussten nicht immer gleich riesige Paläste sein wie bei den großen Hochschulen mit millionenschweren Stiftungen im Hintergrund. Es gab damals bereits eine Reihe privater Business Schools in Deutschland, aber irgendwie keine Tech Schools. Nur war ich noch zu jung und ahnungslos, um so etwas selbst aufzuziehen. Ich habe diese Idee jedoch all die Jahre im Hinterkopf behalten und gedacht, das wird bestimmt demnächst sowieso irgendjemand machen. Doch da lag ich falsch, denn es tat sich seit meinem Studium gar nichts in die Richtung. Mittlerweile hatte ich sowohl die Erfahrung als auch die Mittel, um das selbst in die Hand zu nehmen – selbstverständlich nicht allein. Ähnlich wie beim Startup-Verband haben mich die meisten für verrückt erklärt. Daher habe ich jahrelang vergeblich nach den passenden *Co-Foundern* gesucht. Nur dank meines inzwischen riesigen Netzwerks traf ich endlich zwei Menschen, die mir geholfen haben, das auf Papier zu bringen und ein komplettes Lernkonzept daraus zu entwickeln – das waren damals CODE-Mitgründer Manuel Dolderer und Jonathan Rüth. Und mit diesem einzigartigen Konzept gelingt uns seitdem die Balance aus staatlich anerkannt und crazy different.

Auch wenn mein Ausflug als Solo-Gründer monetär am erfolgreichsten war, arbeite ich lieber im Team. *Co-Founder* helfen, Ängste und Sorgen zu überwinden und noch mutiger zu sein. Außerdem macht es einfach mehr Spaß. Allein zu gründen kann echt einsam sein. Selbst wenn man viele Mitarbeitende hat, sind das eben keine Partner auf Augenhöhe. Die Vorteile eines Gründerteams liegen auf der Hand: Man kann sich Aufgaben teilen und verschiedene Kompetenzen kombinieren. Erfolgreiche Teams sind fast immer divers – mindestens bei ihren Persönlichkeiten und Skillsets – und heutzutage zunehmend auch auf weiteren Ebenen. Klar geht man sich gegenseitig auch mal auf den Keks und muss sich zusammenraufen. Das ist ein bisschen wie mit Geschwistern. Wichtig ist jedoch, dass man kommuniziert und sich auf dem Laufenden hält. Außerdem sollten Verantwortlichkeiten klar definiert sein. Meistens laufen nämlich genau die Bereiche nicht, um die sich jeder nur zur Hälfte gekümmert hat.

Shared responsibility equals no responsibility.

Co-Founder, die sich gegenseitig vertrauen, vertragen Kritik. Da darf man dann auch ruhig mal den Finger in die Wunde legen, wenn etwas nicht funktioniert. Es gibt ein empfehlenswertes Buch zu dem Thema mit dem Titel ›The Five Dysfunctions of a Team‹ von Patrick Lencioni. Darin wird erklärt, dass die Basis für eine erfolgreiche Zusammenarbeit stets Vertrauen ist. Wenn dieses Fundament nicht stabil ist, kippt über kurz oder lang die gesamte Konstruktion.

Das ist einer von vielen Tipps, die ich jungen Menschen mitgebe. Nicht nur meinen Studierenden, sondern auch den Teilnehmenden von ›STARTUP TEENS‹, eine Initiative, die gründungsinteressierten Teenagern unternehmerisches Denken näherbringt – genau wie die CODE University. Und langsam wird mir klar, dass ich selbst keiner mehr von den ganz Jungen bin. Die Zeit ist echt verflogen während meiner über zwanzigjährigen Rushhour.

Auch anderen aus meinem Netzwerk, die längst Freunde geworden sind, geht es so. Viele haben mittlerweile Kinder bekommen und es wird zunehmend schwer, Zeit mit ihnen zu verbringen. Die engen Verbindungen, die ich in jungen Jahren zu ihnen aufgebaut habe, bleiben jedoch. Vor allem wenn man zusammengearbeitet – und gefeiert – hat. Für mich ist Netzwerken nicht nur Mittel zum Zweck, sondern ein Stück weit Lebensinhalt. Ich bin immer mit Freunden und Bekannten in den Urlaub gefahren, esse selten allein und gehe gern auf Events. Sich mit anderen auszutauschen und Teil einer Gruppe oder Community zu sein, motiviert mich mehr als ein *Unicorn*-Status oder ein fetter *Exit*. Sonst hätte ich wohl kaum eine Hochschule gegründet. Obwohl man so was tatsächlich auch *exiten* kann. So ist die Cologne Business School, an der ich damals studierte, 2016 an die durch Schulbücher bekannte Klett Gruppe gegangen. Allerdings ist mir kein Fall in Deutschland bekannt, bei dem sowohl Exzellenz als auch Profit generiert wurde. Schaut man sich den privaten Hochschulbereich hierzulande an, dann gibt es zwei Arten von Hochschulen: Die einen, die versuchen, einen Leuchtturm für Bildung zu errichten, und die anderen, die Geld verdienen. Im letzteren Segment ist *Private Equity* sehr aktiv und finanziert hauptsächlich, nennen wir sie ›Convenience-Hochschulen‹. Auf denen wird man besser betreut und alles ist ein wenig persönlicher und praxisnäher – so wie mein Studium damals. Das ist für viele das passende Angebot und völlig legitim. Nur so entsteht eben keine Exzellenz.

Zu glauben, wir würden jetzt die erste Hochschule werden, der beides gelingt, wäre anmaßend. Deswegen habe ich mich von Beginn an klar entschieden: Die CODE soll ein Leuchtturm werden, ein Vorbild für exzellente Bildung sein und Institutionen in Deutschland und aller Welt langfristig inspirieren. Dafür ernannte mich die MIT Technology Review 2019 zum ›Social Innovator of the Year‹. Im selben Jahr wurde uns der deutsche Exzellenz-Preis verliehen und die CODE in den Kreis ›Ausgezeichneter Orte im Land der Ideen‹ aufgenommen.

Doch dieses Projekt ist nicht auf Jahre, sondern auf Jahrzehnte angelegt. Auch wenn wir schon viel erreicht haben, zum Beispiel drei komplette Bachelor-Studiengänge von null aufzubauen.

Software Engineering, Interaction Design und Product Management: genau die drei Rollen für digitale Produktentwicklung. Weil sie eben mehr sind als nur Code. Für so etwas benötigt man die technische, die psychologisch-visuelle und die Businessperspektive.

Wir entwickeln insbesondere ein Mindset und nicht nur ein Skillset.

All das lernt man bei uns in einer Art dreijährigem Hackathon, immer getrieben von der eigenen Neugier. Wir haben es ›Curiosity-driven Education‹ (C<>DE) getauft. Und das stets anhand konkreter Projekte, für die sich die Studierenden selbst entscheiden. Dafür finden sie sich zu Beginn jedes Semesters in Gruppen zusammen, um gemeinsam ihre Ideen zu pitchen, und legen dann los – egal ob sie nun eine App oder beispielsweise eine Drohne bauen wollen. Das Besondere dabei ist, dass sich die Teams interdisziplinär über die Studiengänge hinweg bilden. Nach diesem Prinzip lernen an unserer Hochschule mittlerweile mehr als 600 Studierende. Der physische Campus spielt dabei eine zentrale Rolle, denn nur so entwickeln sich echte Netzwerke unter Menschen.

Es ist wichtig, junge Menschen zusammenzubringen, um eine Community zu bilden. CODE-Studierende entwickeln ein Mindset, nicht bloß ein Skillset. Berlin ist dafür das perfekte Umfeld. Mit der Kombination aus Lernmethodik und Standort ziehen wir nicht nur Studierende aus Deutschland an. Circa 40 Prozent stammen aus dem Ausland – und zwar aus 80 verschiedenen Ländern. Unsere Lern- und Campussprache ist Englisch. Neben dieser internationalen Diversität bin ich auf eine andere Metrik besonders stolz: Zwölf Prozent der Absolvierenden gründen und bislang sind daraus bereits 70 Unternehmen hervorgegangen. Viele von ihnen sind echte *Start-ups* und haben teilweise große Finanzierungsrunden gedreht. Bereits fünf dieser *Start-ups* sind Teil von Y-Combinator geworden – der amerikanischen *Start-up*-Kaderschmiede schlechthin.

Gemessen an der Zahl der Studierenden sind wir die aktivste Gründerhochschule Deutschlands.

Manchmal investiere ich auch selbst, aber meine Mittel sind natürlich begrenzt – vor allem seit ich einen Großteil davon in die CODE gesteckt habe. Daher spielen wir schon länger mit dem Gedanken, einen Fonds zu *raisen*, um frühphasige *Start-ups*, die bei uns entstehen, noch besser unterstützen zu können. Über die Rückflüsse des Fonds könnte sich die CODE im besten Fall langfristig sogar selbst finanzieren. Denn derzeit sind wir noch auf Spenden von Gründenden aus meinem Netzwerk und Studiengebühren angewiesen. Das dreijährige Studium kostet aktuell 41.100 Euro, was deutlich günstiger als in den USA ist, aber immer noch eine Menge Geld. Das kann sich nicht jeder leisten. Doch bei uns können Absolvierende die Gebühren nachträglich zahlen, sobald sie ein eigenes Einkommen erzielen, das über 25.000 Euro liegt. Denn wir wollen nicht die Kinder reicher Eltern, sondern die größten Talente. So finanzieren wir bislang 60 Prozent der Studienplätze. Wir haben also ein Interesse daran, dass unsere Absolvierenden eine erfolgreiche Karriere hinlegen – was sich bisher immer bewahrheitet hat. Einer der Gründe, warum bei uns auf einen Platz acht Bewerbende kommen.

Wir wollen nicht die Kinder reicher Eltern, sondern die größten Talente.

Aber als letztes Jahr die Silicon-Valley-Bank pleiteging, war das ein wahres Erdbeben in der Branche, dessen Erschütterungen bis nach Europe spürbar waren. So hat uns der genossenschaftliche Studienfinanzierer, welcher uns die Studiengebühren der vorfinanzierten Studierenden in der Vergangenheit vorgestreckt hat, jüngst die Partnerschaft gekündigt. Auch Spenden von Unternehmen und Gründenden sind seltener und kleiner geworden. Plötzlich klaffte bei uns eine riesige Finanzierungslücke von sechs Millionen Euro auf. Also ging ich wieder Klinkenputzen, wie damals bei der Suche nach Mitgliedern für den Startup-Verband. Doch diesmal war es noch schwieriger, Leute von dem Projekt zu überzeugen. Wenn dir Gründende, die seit ihrem *Exit* auf 100 Millionen Euro sitzen, absagen, weil sie gerade nicht liquide seien, ist das auf der eine Seite enttäuschend. Auf der anderen aber nicht überraschend, denn die gesamte Branche ist auf *ROI* getrimmt und nicht unbedingt auf gesellschaftliches Engagement. Doch zum Glück gibt es auch Ausnahmen. Zusammen mit Stephan Schambach von NewStore, Daniel Krauss von FlixBus, Rolf Schrömgens von Trivago, Florian Heinemann von Project A und Petra Becker von der Dr. Becker Unternehmensgruppe haben wir den CODE Trust ins Leben gerufen, um die CODE University finanziell langfristig abzusichern. Darüber hinaus haben uns über all die Jahre weit über 50 der erfolgreichsten deutschen *Start-up*-Unternehmerinnen und -Unternehmer unterstützt, die das Ökosystem stärken wollen. Darunter ist das Who's who der *Start-up*-Szene, dem ich extrem dankbar bin.

Tatsächlich wurden wir auch von anderen Regionen und Städten angesprochen, teilweise sogar mit Aussicht auf Fördergelder. Aber wir wollen uns auf einen Standort konzentrieren, mit dem sich auch die Studierenden identifizieren. Das ist wichtig, damit sich die Alumni weit ins Berufsleben hinein mit der CODE verbunden fühlen. Wenn überhaupt, würde ich gern einen Ableger im Silicon Valley aufbauen. Allein schon, damit unsere Studierenden in diesem Umfeld ein Auslandssemester einlegen können.

An dieser Stelle möchte ich jedes junge Talent ermutigen, sich unsere Website anzuschauen und sich für ein Studium an der CODE zu bewerben. Interessierte können auch gern direkt auf mich zukommen, um Fragen zu stellen. Jede Woche führe ich zwei, drei Telefonate mit Studieninteressierten, um ihnen unsere Philosophie näherzubringen. Wir sind eine sehr persönliche Hochschule und stets ansprechbar für alle, die sich bewusst für uns entscheiden. Niemand soll sich abschrecken lassen von den Gebühren, die wir weiterhin für die Mehrheit vorfinanzieren, denn ich bin überzeugt, die Investition lohnt sich – für beide Seiten.

FeMentor

Let's grow together!

Anastasia Barner

STECKBRIEF

Name: ANASTASIA BARNER

Geburtsdatum: 14.11.1998 **Geburtsort:** Berlin

Ausbildung: Abitur und Studium

Ursprünglicher Berufswunsch: Bundeskanzlerin, Prinzessin, Schauspielerin, Journalistin (in der Reihenfolge)

Erste Gründung im Alter von: 20

Fun Fact: Mein Yoga ist Backen. Davon hat mein ganzes Umfeld was. Statt das Bein hinter den Kopf zu bekommen, backe ich Schwarzwälder Kirschtorte.

Beruf Mutter: PR-Beraterin

Vorbilder: Mit neun Jahren habe ich einen Preis bei einem Schreibwettbewerb gewonnen, bei dem es um Vorbilder ging. Ich habe einen Text verfasst, in dem stand, dass ich mein eigenes Vorbild sein möchte. Ich versuche jeden Tag, etwas zu machen, worauf ich am Abend stolz sein kann.

Bester Tipp, den ich je bekommen habe: Wenn du an das Problem in fünf Jahren nicht mehr denken wirst, kann es so schlimm nicht sein.

Mein persönlicher Myth Buster: Die Rocklänge sagt nichts über den IQ aus.

Buch, das man gelesen haben muss: Meist das, was ich gerade in den Händen halte. Mal ist es der Kitschroman, um in eine andere Welt zu flüchten, oder die Biografie, um mich inspirieren zu lassen.

Anastasia Barner ist Gründerin von FeMentor, einer Reverse-Mentoring-Plattform für Frauen. Als eine der jüngsten Gründerinnen Deutschlands berät sie zudem Firmen bei Fragen zu Social Media, zum Medienverhalten ihrer Generation und dem Werben um junge Talente. Durch ihre zahlreichen Auftritte in den Medien, als Speakerin und Moderatorin ist sie das Gesicht einer neuen Gründergeneration Deutschlands.

Für ihre Tätigkeiten wurde sie unter anderem mit dem B.Z. Berliner Helden Preis und dem FemTec Award 2020 in der Kategorie ›Leadership‹ ausgezeichnet. 2022 wurde sie als TOP 10 Social Entrepreneurin für die German Start-up Awards nominiert.

FeMentor ermöglicht es Frauen, sich generationenübergreifend auszutauschen und ihr Wissen miteinander zu teilen. Die Plattform dient dazu, junge Frauen zu ermutigen und ihnen ein weibliches Role Model zur Seite zu stellen. Mit dem USP des Reverse Mentoring hebt sich das Angebot von bestehenden Mentorenprogrammen ab.

Hier Anastasias Dos und Don'ts:

Dos:

- Alle Kontakte in einer Liste speichern und aktiv pflegen
- Für Förderprogramme bewerben und Fördermittel nutze
- Bedanke dich bei Personen, die dir geholfen haben, und sei die Person für andere, wenn du erfolgreich bist

Don'ts:

- Nur mit Leuten reden, die jetzt gerade relevant sind
- Gründen romantisieren und verklärt sehen
- Zu glauben, man sei als gründende Person frei

Anastasias
Founder's Story

Es gibt diesen Spruch: »Du bist verrückt, mein Kind, du musst nach Berlin.« Ich würde ihn gern umschreiben: »Du bist verrückt als Kind, du solltest ein *Start-up* gründen.«

Ich habe das Gefühl, dass sich in der *Start-up*-Welt all diejenigen treffen, die in der Schule nicht ins Raster gepasst haben. Die Klassenclowns, die gemobbt wurden oder anderweitig aufgefallen sind, haben schon in der Kindheit gezeigt, dass sie nicht ins klassische Schema passen. Nach der Schulzeit stellt sich die Frage: Zwänge ich mich in die zu engen Schuhe oder renne ich barfuß los?

Ich habe kurz die Schuhe anprobiert und sie sogleich wieder abgelegt, um keine Blasen zu bekommen. Der Vorteil: Du fühlst dich frei, bist nah am Boden und hast Raum zur Entfaltung. Das Problem: Du bist nicht geschützt vor Scherben, Kieselsteinen oder dem Barfuß-Endgegner – dem Legostein.

Um das Ganze zu übersetzen: Du bist auf dich allein gestellt, dir fehlt das Sicherheitsnetz einer Festanstellung und du kannst jederzeit scheitern. Ich entschied mich trotzdem für Risiko. Ich wollte es wagen, eine andere Richtung einzuschlagen, denn ich war verdammt naiv. Nach fast fünf Jahren habe ich dann das Buch ›(Ge) Gründet – Start-up-Szene uncovered‹ über meine Erfahrungen geschrieben, weil ich einen Blick hinter die Kulissen der größten und erfolgreichsten *Start-ups* weltweit erhalten hatte. Dabei habe ich realisiert, dass Gründen häufig romantisiert und verklärt dargestellt wird. Und dass sich die Branche für so ziemlich alles übertrieben abfeiert.

Und hier beginnt meine wahre Founder's Story: 2019, ein Jahr, das mein Leben von Grund auf verändern sollte und in dem ich Gründerin wurde – ein Job, der zuvor nie zur Debatte stand. Denn ursprünglich wollte ich Bundeskanzlerin, Schauspielerin oder Journalistin werden. Halt irgendwas mit Medien, Kultur und Politik. Bereits mit 14 Jahren habe ich für die Jugendseite der Berliner Zeitung und für funky, die Jugendredaktion der Funke Mediengruppe, geschrieben. Auch für ze.tt durfte ich schreiben und bin mit 15 Jahren von SPIEGEL Online zu einer der fünf besten Nachwuchsjournalistinnen gewählt worden.

Allerdings wurde ich auch in die Generation Z hineingeboren, die völlig zu Unrecht als faul bezeichnet wird. Was jedoch stimmt, ist, dass wir mit ganz anderen Berufsbildern groß geworden sind. Während früher ›irgendwas mit Medien‹ gleichbedeutend mit TV oder Zeitung war, sind heutzutage eher Influencer gemeint. Das ist verständlich, da meine Generation mit keiner anderen Berufsgruppe so viele Berührungspunkte auf Social Media hat. Tatsächlich fand ich musical.ly (heute TikTok) damals cool, entschied mich aber für die Nutzung von Instagram, da die Plattform zu dem Zeitpunkt noch mehr Potenzial versprach. Influencerin wollte ich nicht werden, da ich die Bühne immer spannender fand, als ohne Publikum in die Kamera zu sprechen.

Ich wollte nie Gründerin werden. Rückblickend ist das wohl mein Erfolgsgeheimnis.

Dass mich das irgendwann als Expertin auf Bühnen bringen würde, hätte ich mir vor fünf Jahren nicht einmal träumen lassen. Trotz meiner ursprünglichen Berufswünsche wurde ich Teil der hippen und jungen Berliner *Start-up*-Szene. Wer mich in diese Welt eingeführt hat, weiß ich heute nicht einmal mehr, aber ich war plötzlich mittendrin. Allerdings ohne *Start-up* und ohne den Wunsch, selbst eines zu gründen. Ich wollte nie Gründerin werden. Rückblickend ist das wohl mein Erfolgsgeheimnis. Denn ich hatte keine Ahnung, worauf ich mich da einließ, hatte weder Erwartungen an die Szene noch den Traum vom schnellen Geld. Bei mir kam erst das Problem, dann die Idee und zuletzt die Lösung. Und anschließend kam der Erfolg. All das hat mich viel Kraft gekostet und ist schuld daran, dass ich die erste Hälfte meiner 20er ein wenig verpasst habe. Zumindest habe ich sie bislang nicht so erlebt wie andere in meinem Alter. Einer der Trade-offs, wenn man in so jungen Jahren im Netz und in den Medien als erfolgreich gilt.

Ungewöhnlich, das über sich selbst zu schreiben. Im ersten Moment möchte ich die Zeilen löschen und frage mich, ob es eingebildet klingt, wenn ich sie stehen lasse. Gerade als Frau. Aber es ist nun mal eine Tatsache – und gleichzeitig längst nicht so wundervoll, wie es auf LinkedIn erscheint.

Freunde fragen mich oft, wie ich das alles schaffe, und versichern mir, dass sie niemanden kennen, der so viel unterwegs ist wie ich. Neulich musste ich mir anhören, dass ich nicht das typische Leben einer Gründerin lebe. Doch gibt es so etwas überhaupt und erfülle ich nicht die meisten Klischees? Ich habe ein iPhone und ein MacBook, hocke beim Chai Latte in Cafés in Berlin-Mitte, mein E-Mail-Postfach ist jeden Tag voll, egal wie viele Nachrichten ich beantworte, und es gilt immer irgendwo ein Feuer zu löschen. Okay, ich gehe nicht zum Pilates, mir wird beim herabschauenden Hund schwindelig und ich weigere mich, Eisbaden zu praktizieren. Muss ich Pizza essen, im Coworking Space chillen, lauthals wichtige Business-Calls führen und einen stereotypen Tischkicker im Wohnzimmer haben? Zum Glück nicht!

Es überrascht mich immer, wenn ich mit Gründungsinteressierten spreche, die davon reden, dass sie wegen der Freiheit gründen wollen. Um ehrlich zu sein, bist du in der *Start-up*-Szene alles andere als frei. Du hast zwar weder Chef noch Chefin, aber dafür bist du an Termine gebunden, arbeitest eigentlich fast immer und wenn du dich für ein Investment entscheidest, bist du auf das Wohlwollen von Investoren angewiesen. Die Freiheit, den Laptop zu schließen und die Arbeit Arbeit sein lassen, muss man sich erst einmal trauen lernen. So erging es auch mir – oder um es mit Karl Valentin zu sagen:

> »Mögen hätt' ich schon wollen, aber dürfen hab ich mich nicht getraut.«
> *Karl Valentin*

2020 – das Jahr, welches wohl für immer mit Corona verbunden bleiben wird. Eine Zeit, die das Leben von uns allen auf den Kopf gestellt hat und in der ich nicht nur am Anfang meiner Karriere stand, sondern auch Chefin wurde. Und das Jahr, in dem ich lernen musste, was es heißt, ein gesundes Arbeitspensum zu finden.

Und einen Namen. Jeder Mensch braucht und hat ihn, genau wie ein *Start-up*. Meiner Meinung nach hängt der Name eines Unternehmens unweigerlich mit dessen Erfolg zusammen. Bei mir kam die Idee des *Businessmodells* von FeMentor fast zeitgleich mit dem Namen. Damals arbeitete ich für red onion, eine Agentur, die TEDx-Events in Deutschland organisiert. Auf dem Weg von einem

Meeting zurück ins Büro, bereits mit dem Gedanken spielend, ein *Start-up* zu gründen, welches Reverse Mentoring anbietet, kam ich auf den Namen ›FeMentor‹. Die Geschichte ist recht unspektakulär, aber so einfach kann es manchmal sein. Zurück im Büro prüfte ich sofort, ob die Firmierung noch verfügbar und die Domäne käuflich waren. Fast genauso wichtig war, was ich unter dem Namen alles bei Google fand. Als ich damals FeMentor googelte, kam die automatische Korrektur ›fermentieren‹ oder ›Dementor‹ aus Harry Potter. Auch heute glauben manche, dass wir etwas mit Fermentieren zu tun haben. Die Vorstellung, dass die Bösewichte die Dementoren und wir, die Licht ins Leben bringen, die FeMentorinnen sind, gefällt mir jedoch wesentlich besser.

Was ich gern vorher gewusst hätte:

Nicht jeder wird deine Brand gut finden. Und das ist vollkommen in Ordnung.

Gerade am Anfang tendieren wir dazu, uns Meinungen von anderen einzuholen. Das ist richtig und wichtig, aber an erster Stelle solltest du damit zufrieden sein. Du musst zu 110 Prozent von deinem Produkt sowie Namen überzeugt sein. Nur dann entwickelst du genug Leidenschaft, um die schwierigen Momente zu überstehen. Denn die werden kommen.

Nun standen also Name und Idee. Hinzu kam dank meine Mutter ein Netzwerk in der Kunst- und Kulturszene. Das war sozusagen ihr Erbe, das sie mir zu meinem 18. Geburtstag vermacht hat – in Form eines kleinen grünen Notizbuches mit all den Kontakten, die sie in ihrer jahrzehntelangen Karriere gesammelt hat. Es ist das wertvollste Geschenk, das ich jemals erhalten habe. Und ein Privileg. Dessen war ich mir immer bewusst. Mit der Gründung von FeMentor fand ich einen Weg, dieses Privileg nicht nur für mich zu nutzen, sondern für andere zugänglich zu machen.

Weil ich mit FeMentor für einen Award nominiert war, blieben mir zwei Wochen Zeit, um Frauen zu finden, die bereit waren, die ersten FeMentorinnen zu werden, und um eine App oder Website zu erstellen. Denn die einzige Bedingung zur Teilnahme am Award war eine Onlinepräsenz. Ab da bestand mein Alltag aus unzähligen Telefonaten und regem E-Mail-Austausch mit Frauen aus dem Kontaktbuch meiner Mutter und dem Versuch, daraus eine Plattform zu errichten.

In meiner Naivität dachte ich, es wäre möglich, mal eben eine App zu programmieren. Dass dies aufwendig und vor allem kostenintensiv ist, wurde mir während eines Meetings mit einer Agentur bewusst, die mir einen Kostenvoranschlag von 100.000 Euro unterbreitete. Also entschied ich mich sehr schnell dagegen – mit der offiziellen Begründung, dass man eine App ohnehin als Erstes vom Handy löscht, wenn sie nicht häufig in Gebrauch und der Speicher voll ist. Inoffiziell war es mir schlicht zu teuer und mit 20 Jahren hatte ich nicht das Geld für eine Idee ohne *Businessplan* und ohne große Vision für die Zukunft.

Personen, die im Team gründen, rate ich, vorher eine Paartherapie zu machen.

Damals hatte ich keine Ahnung, dass es Plattformen gibt, auf denen du dir *Co-Founder* suchen kannst. Ich hätte mich gern früher mit der Thematik beschäftigt, aber da ich unter Zeitdruck stand, gründete ich allein und habe es bislang nie bereut. Personen, die im Team gründen, rate ich, vorher eine Paartherapie zu machen. Unabhängig davon, ob sie sich daten oder nicht. Es ist wichtig, die Triggerpunkte des anderen zu kennen, und zwar schon vor der Gründung und nicht erst danach. Viele kreative *Start-up*-Konzepte sind nicht an der Idee gescheitert, sondern am Team, das sich zerstritten hat. Die Partnerwahl ist in jeder Lebenslage wichtig. Es ist auch relevant, sich zu überlegen, was passiert, wenn das Unternehmen erfolgreich wird. Möchte man das sein Leben lang weiterbetreiben und an die nächste Generation weitergeben oder geht es eher um einen überschaubaren Zeithorizont mit geplantem *Exit*?

Die Website sah erst einmal amateurhaft aus. Dennoch habe ich den ersten Entwurf der Seite geliebt. Sie war ein Anfang und etwas, an das ich zu 110 Prozent geglaubt habe. Dass sich das später einmal auszahlen würde, hatte ich zwar gehofft, war aber trotzdem positiv überrascht, als es so weit war. Doch die Website musste nun mal innerhalb von zwei Wochen online gehen. Damals hatte ich bereits einen kleinen Followerkreis bei Instagram und postete in meiner Story die Frage: Kann hier jemand eine Website erstellen? Jetzt kommt ein Fun Fact: Mich kontaktierte ein junger Mann, der mich auf Tinder gesehen hatte, und erklärte, dass er Websites bauen könne. Ich fragte ihn kurzerhand, ob er nicht Lust hätte, die FeMentor-Homepage zu erstellen. Statt eine Liebesbeziehung einzugehen, gingen wir eine geschäftliche Beziehung ein. Diese hält jetzt schon seit fast fünf Jahren.

Das zeigt, dass man sich jederzeit und überall vernetzen kann. Sei es via Dating-App, am Flughafen, in der U-Bahn oder auf Networking-Events. Ich netzwerke mittlerweile ständig und fange immer wieder Gespräche mit meinen Sitznachbarn an. Das hat schon dazu geführt, dass ich in der Deutschen Bahn jemanden kennenlernte, der mich als Speakerin buchte, oder einen Milliardär und *Business Angel*, der mittlerweile bei einer Freundin investiert hat. Netzwerken muss nicht immer nur auf dafür vorgesehenen Events stattfinden.

Trotzdem geht es für viele dabei meist nur um eines: Geld. Das ist Thema Nummer eins in der Welt der *Start-ups*. Alle reden immer darüber, welchen Umsatz ein Unternehmen macht, wie viel *Funding geraist* wurde und wer die Investoren sind. Durch die Berichterstattung in den einschlägigen Medien bekommt man schnell das Gefühl, dass ein *Start-up* erst dann eine Daseinsberechtigung hat, wenn es Geld von renommierten *Business Angels* oder *VCs* bekommen hat. Das ist zum Glück nicht wahr. Ich bin ein Fan von *Bootstrapping*, dem Ansatz, von Anfang an zahlende Kunden und Kundinnen zu finden, statt sich damit zu beschäftigen, die nächste Finanzierungsrunde zu drehen. In den letzten fünf Jahren habe ich von den Medien gehypte *Start-ups* scheitern sehen, die wahnsinnig viel Geld eingesammelt haben. Denn das ist keine Erfolgsgarantie.

VCs lassen dich fallen wie eine heiße Kartoffel und kümmern sich lieber um die aussichtsreicheren Kandidaten.

Tatsächlich gehen Investoren immer davon aus, dass maximal 30 Prozent der getätigten Investitionen erfolgreich sein werden. Wenn du beziehungsweise dein *Start-up* nicht zu den 30 Prozent gehört, dann kannst du auch nicht mehr auf deren Unterstützung hoffen. Sie lassen dich fallen wie eine heiße Kartoffel und kümmern sich lieber um die aussichtsreicheren Kandidaten. Das habe ich in meinem Freundeskreis miterlebt und bin deshalb froh, dass ich mich gegen Fremdkapital entschieden habe.

Klar, ein Investment gibt dir zu Beginn einen Anschub, bedeutet aber nicht automatisch, dass du deswegen Kundschaft findest. Manche *Start-ups* erhalten viel Geld, weil die Gründenden gut vernetzt sind und sich beziehungsweise ihre Idee gut verkaufen können. Ich würde, bevor ich mich mit externen Investments beschäftige, immer vorher recherchieren, welche Förderprogramme und Fördermittel es gibt. Es existieren unzählige Programme, die den Start deiner Unternehmerreise nicht nur mit Mentoring unterstützen, sondern auch mit finanziellen Mitteln. Nimm dir die Zeit, dich für solche Programme zu bewerben. Ich habe das damals nicht getan und würde es heute anders machen.

Dann kam 2021. Ein denkwürdiges Jahr, in dem FeMentor und meine Personal Brand den Durchbruch schafften. Wenn du mich heute fragst, was das Wertvollste und Aufregendste in dem Jahr war, könnte ich es dir nicht auf Anhieb beantworten. Aber zum Glück gehöre ich der Generation Z an, die alle Erinnerungen in Fotoalben auf dem Handy mit sich herumträgt.

Meine Highlights aus 2021: mehr als 40 Talks an Hochschulen, Universitäten und in Unternehmen zum Thema Reverse Mentoring, Gen Z und Female Founder. Die Clubhouse-Phase, an die sich der eine oder andere womöglich noch erinnert. Dank dieser Plattform habe ich mich viele Stunden mit den unterschiedlichsten Personen ausgetauscht und Partnerschaften aufgebaut, die bis heute andauern. Die ersten Fernsehberichte über FeMentor unter anderem beim RBB. Dadurch erhielt ich die Aufmerksamkeit weiterer Fernsehsender, die mich in verschiedenste Formate einluden, unabhängig von FeMentor. Drei Monate München, um dort das FeMentor-Netzwerk zu erweitern und Kooperationen anzustoßen. München gehört auch heute noch zu unserem zweitgrößten Standort in Deutschland.

Und die Lowlights? Gab es natürlich auch. Viele Nominierungen für Preise, die wir nicht gewonnen haben. Förderprogramme, die ich aus Zeitgründen absagen musste. Bei BILD TV von Thomas Gottschalk als ›Influencerin‹ bezeichnet worden statt als Gründerin.

Ich hätte gern früher angefangen, die einzelnen Schritte meiner Founder's Story zu dokumentieren. Im Nachhinein fällt es schwer, den Überblick über die zahlreichen Momente und die mit ihnen verbundenen Emotionen zu behalten. Es gab Situationen, in denen ich dachte, die Welt geht unter. Ein Beispiel: Wir wurden damals von einer der größten Social-Media-Plattformen kopiert. Als ich auf die Seite klickte, zitterte ich am ganzen Körper und wusste nicht, was ich machen soll. Wie gehst du damit um, wenn ein milliardenschwerer Konzern deine Texte verwendet und dein

Konzept kopiert? Entweder du versuchst es mit einer Klage (davon rate ich allerdings ab, denn Großkonzerne haben eine ganze Abteilung für solche Fälle) oder du nutzt die Gelegenheit für kostenloses Marketing. Nach Gesprächen mit befreundeten Unternehmern entschied ich mich für Option zwei und sah es als Chance, Reverse Mentoring in Deutschland ohne eigenes Marketingbudget zu promoten. Und tatsächlich half es, kopiert zu werden, denn Menschen setzten sich mit dem Thema auseinander, googelten es und stießen so auch auf FeMentor.

Kopiert zu werden ist das größte Kompliment.

Natürlich war der Schock im ersten Moment groß, doch letztendlich entstanden dadurch mehr Sichtbarkeit für das Thema und Zulauf für uns.

Ein Learning, das ich angehenden Gründenden in Workshops immer mitgebe, ist, Ja zu sagen. In Deutschland leben wir in einer Zweiflergesellschaft. Alles wird abgewogen und hinterfragt. Wir tendieren eher zu einem Nein, wenn wir uns bei einer Sache unsicher sind. Dennoch täte uns ein wenig mehr Ja-Sagen gut. 2022 lernte ich genau das. Zum Beispiel zu Anfragen, die mir Angst machten. Entweder sind es wertvolle Erfahrungen und gute Möglichkeiten, über mich hinauszuwachsen, oder sie sorgen dafür, dass ich am Tisch neben Personen wie Elon Musk lande.

Hätte ich damals nicht spontan Ja zu einer Einladung gesagt, wäre ich nach Hause gegangen und hätte nicht einen der reichsten Männer der Welt kennengelernt. Und wer weiß, wofür der Kontakt später einmal gut sein wird. Doch es fängt viel früher an.

Mein persönlicher Butterfly-Effekt war, dass ich gleich zu Beginn meines Einstiegs in die *Start-up*-Welt angefangen habe, eine Kontaktliste zu führen und mich mit Menschen zu vernetzen, die aus den unterschiedlichsten Branchen und Hintergründen kommen. Ein Fehler, den viele beim Netzwerken machen, ist, dass sie sich nur mit Personen unterhalten und in Kontakt bleiben, die in dem Moment relevant scheinen. Doch wenn du mit 20 Jahren ein *Start-up* auf die Beine stellst, ist nicht garantiert, dass du das dein Leben lang machen möchtest. Obwohl mein Fokus mit FeMentor auf Frauen liegt, ist klar, dass ich beim Netzwerken Männer nicht außer Acht lassen darf. Ich habe schon früh angefangen, darüber Witze zu machen, dass ich in Zukunft ›Roboterkuschlerin‹ werde. Ein Beruf, den es derzeit noch nicht gibt, aber bei der rasanten Entwicklung von *KI* immer realistischer wird. Spätestens wenn Tesla seine humanoiden Roboter in Serie baut, wird der Kontakt zu Elon höchstrelevant. Deswegen unterhalte ich mich mit jeder Person, die Lust auf ein Gespräch hat.

> Ein Fehler, den viele beim Networking machen, ist, sich nur mit Personen zu unterhalten, die in dem Moment relevant scheinen.

Dennoch ist es in der *Start-up*-Welt und auf den damit verbundenen Events häufig ein Fragespiel à la: Wer bist du, was machst du und was bringst du mir? Das kann ziemlich frustrierend sein, denn dadurch gehen spontane Gespräche verloren und man bekommt das Gefühl, sich verkaufen und als beste Gesprächspartie beweisen zu müssen. Man versucht automatisch, relevant genug zu sein, und beginnt mit dem Namedropping. Mit wem hat man gearbeitet, der bekannt ist? Wen kennt man, der wichtig ist? Daran bemisst sich dann die eigene Bedeutung. Getreu dem Motto: Wenn der mit mir arbeitet, spricht das für mich! Klingt bescheuert, funktioniert aber. Auch mir hat dieser Kniff schon geholfen, als mein Gegenüber im Gespräch eher desinteressiert wirkte. Es kann nicht schaden, ein paar Namen von Firmen oder Personen, die FeMentor nutzen, in die Unterhaltung einfließen zu lassen. Natürlich kann man auch einfach akzeptieren, dass der Gesprächspartner nicht interessiert ist.

Häufig habe ich auf Veranstaltungen das Gespräch mit Hostessen oder Kellnern gesucht, Personen, die von den meisten ignoriert werden. Dabei liegt in diesen Menschen nicht selten die Zukunft, denn oft sind sie in der Ausbildung oder im Studium und werden langfristig selbst auf der Gästeliste stehen. Ich habe schon junge Frauen kennengelernt, die in meinem Alter bei einem Event, auf das ich eingeladen war, als Servicekraft gearbeitet haben und zwei Jahre später Teilnehmende waren. Inspiriert von den vorherigen Events hatten sie zwischenzeitlich selbst gegründet.

Um den Überblick zu behalten, wen ich wann und wo das erste Mal getroffen habe, führe ich eine mittlerweile sehr umfangreiche Excelliste. Ein bisschen wie das grüne Notizbuch meiner Mutter, nur digital. Vielleicht vererbe ich die Liste später auch mal an meine Tochter. Wenn ich jemanden treffe, landen Name, Ort und Datum in dieser Liste. Meistens mit einer kurzen Beschreibung der Person, was sie derzeit beruflich macht oder wohin es gehen soll. Auf dieser Excelliste sind Chefredakteure, Politikerinnen, Gründende, Investoren und alles dazwischen. Die Liste hilft nicht nur mir, sondern auch immer, wen ich nach einem Kontakt gefragt werde. Mit wenigen Keywords kann ich meistens die passende Person finden.

Ich kann jedem, egal ob Gründer oder angestellt, solch eine Liste empfehlen, denn sie ermöglicht mit ein paar Klicks, das eigene Netzwerk zu verwalten und den Überblick zu behalten. Außerdem lässt allein die Länge der Liste Rückschlüsse darauf zu, wie gut man bereits vernetzt ist. Meine umfasst mittlerweile Tausende von Namen und erleichtert mir mein Leben ungemein. Doch eine tabellarische Übersicht allein reicht nicht aus. Die Kontaktpflege ist und bleibt das A und O. Das bedeutet, dass du mit den Leuten aus deinem Netzwerk regelmäßig in Kontakt bleiben musst. Bei so einem weitläufigen Netzwerk geht das natürlich nicht immer 1 : 1 oder gar Face to Face. Ich schaffe das nur, indem ich auf den diversen sozialen Medien poste, um bei meinem bestehenden Netzwerk Präsenz zu zeigen, während ich gleichzeitig potenziell neue Kontakte erreiche.

Was ich vorher gern gewusst hätte, ist, dass nicht jeder Name auf der Liste, der vielleicht sogar ein Freund oder eine Freundin war, noch aktiver Teil meines Lebens ist. Der Freundeskreis ändert sich mit der Zeit. Es gibt so etwas wie Lebensabschnittskontakte.

Nicht jeder in deiner Familie wird begreifen, was du machst, und nicht alle Verwandten werden deine Erfolge mit dir feiern. So traurig das klingen mag, es ist völlig normal und okay.

Je älter sie werden, desto berühmter glauben viele gewesen zu sein.

Aus meiner Erfahrung geht alles umso schneller, je früher du anfängst. Nach dem Motto: Wer früher stirbt, ist länger tot. Mit 20 zu starten hatte zahlreiche Implikationen – zum Beispiel, dass ich den Reifeprozess im Schnelldurchgang durchlief. Es ist wie Erwachsenwerden auf der Überholspur mit all den unschönen Nebeneffekten. So durfte (oder musste) ich auch schneller lernen, wie wichtig ein Ausgleich ist und wie sich Prioritäten verschieben. Erst oder bereits fünf Jahre später – das kann man so oder so sehen – nehme ich mir gern mal Auszeiten von der Überholspur und fahre bei Ausfahrten raus, verlasse das Auto und setze mich ins Gras. Dann werfe ich einen Blick auf die bereits zurückgelegte Strecke und erlaube mir durchzuatmen. Zu verstehen, wie weit ich schon gekommen bin, und mir bewusst Zeit zu geben innezuhalten, ohne am nächsten beruflichen Ziel zu arbeiten, ist etwas, das ich erst lernen musste. Trotzdem zählt für mich weniger, was ich in der Vergangenheit erreicht habe, sondern woran ich im Moment arbeite beziehungsweise was ich in der Zukunft tun werde. Ich möchte nicht zu den Menschen gehören, die nach dem Prinzip leben: Je älter wir werden, desto berühmter glauben wir gewesen zu sein.

Tatsächlich ist die Frage, die ich heutzutage am häufigsten gestellt bekomme: Was kommt als Nächstes? Wohin soll es gehen? Meine Antwort darauf ist situationsabhängig, aber meistens diese: Ich mache nur, worauf ich Lust habe, und arbeite mit Menschen, dir mir das Gefühl geben, dabei meinem Hobby nachzugehen. Weil es mir so viel Spaß macht, fühlt es sich weniger nach Arbeit an. Das möchte ich beibehalten.

Und dann kommt der Shitstorm. Mir ist es wichtig, in meinem Kapitel auch auf die unschönen Seiten einzugehen. Dazu gehören heutzutage leider zunehmend Shitstorms und persönliche Angriffe – gerade im Netz. Es wird Gerüchte über dich geben. Die *Start-up*-Szene ist vergleichsweise klein. Sie erinnert mich an einen Schulhof mit der typischen Grüppchenbildung: die Tech-Founder, Beauty-Founder, E-Commerce-Expertinnen, Plattform-Builder und so weiter. Und innerhalb dieser Peergroups kommt es zu Eifersüchteleien und Momenten, in denen kopiert und geklaut wird. Die Konkurrenz schläft nie, höchstens miteinander.

Es wird immer Menschen geben, die dich nicht mögen.

»Wenn jeder dich mag, nimmt keiner dich ernst.« *Martin Wehrle*

Problematisch wird es nur, wenn Unwahrheiten verbreitet werden. Gerade in den Anfängen deines *Start-ups* kann ein unbegründetes Gerücht dazu führen, auf Ablehnung von Investoren oder anderen Gründenden zu stoßen.

Ich hatte auch schon Begegnungen mit erfolgreichen Gründern, über die erzählt wurde, sie seien arrogant, überheblich und unverschämt. Meistens stellte sich das Gegenteil heraus. Es überrascht dann eher, wenn die, die auf Social Media nett wirken, einen von oben herab behandeln. Das sind aber zum Glück die Ausnahmen.

Schlimmer wird es, wenn die Hater kein Gesicht haben und sich hinter Fake Accounts verstecken. Gerade auf den sozialen Medien gibt es viele Profile, die ausschließlich dazu dienen, anonym Hass zu streuen. In meiner Kommentarspalte gab es schon diverse solcher Diskussionen. Das Gute: Du bist damit nicht allein. Bitte daher dein Netzwerk – rechtzeitig – um Hilfe im Vertrauen darauf, dass deine Community dich verteidigt. Bestes Beispiel sind die Follower von Taylor Swift, die sogenannten Swifties, die sogar ohne einen Aufruf ihres Idols Hatespeech in der Flut ihrer eigenen Kommentare untergehen lassen. Wer keine solch große und engagierte Community hat, sollte den Kommentar einfach löschen.

Neulich wurde ich gefragt, wie ich mit Hasskommentaren umgehe und wie es mir damit geht. Die ehrliche Antwort ist, dass es mich belastet. Es tut weh und manchmal fließen auch Tränen, wenn es mir zu viel wird. Aber ich lasse die Emotionen lieber zu, als sie zu unterdrücken. Mit dieser Ehrlichkeit helfe ich hoffentlich anderen, denen es ähnlich ergeht. Wichtig ist, dass du nach Hilfe fragen und dich zur Wehr setzen darfst.

> Mit FeMentor wollte und will ich das Leben anderer erleichtern und verbessern. Dass es mein eigenes am meisten bereichert, ist ein willkommener Nebeneffekt.

Auch wenn ich die *Start-up*-Welt manchmal verteufle, war Gründen genau das Richtige für mich. Schon in der Schule habe ich nie reingepasst, war auffällig, laut und hatte eher ältere Freunde. In der *Start-up*-Welt gibt es zwar auch introvertierte Persönlichkeiten, aber die Mehrzahl ist ebenfalls laut, voller Motivation und Tatendrang. In dieser Welt habe ich meinen Platz gefunden, an dem ich sein darf, wie ich bin. Hier lasse ich meiner Kreativität freien Lauf und ich bin diejenige, die Grenzen setzt. Sowohl für mich als auch jene in meinem Umfeld, die mich um Unterstützung bitten.

Mit FeMentor wollte und will ich das Leben anderer erleichtern und verbessern. Dass es mein eigenes am meisten bereichert, ist ein willkommener Nebeneffekt. Besonders dankbar bin ich meiner Mutter, dass sie mich hat machen lassen, auch wenn 2019 noch nicht klar war, was aus der Idee werden würde. Heute danke ich es ihr, indem ich sie zu allen Events und Geschäftsreisen mitnehme und an meinen Erlebnissen teilhaben lasse. So wie sie es mit mir als Kind gemacht hat.

Wenn du gründest und am Anfang Unterstützung erhältst, sei es von der Familie, dem Freundeskreis oder Mentorinnen, bedanke dich bei diesen Personen. Trage in deiner Excelliste in die Spalte neben ihren Namen ein Herzchen ein und vergiss nicht, dass du ihnen einen Teil deines Erfolgs verdankst. Und wenn du selbst erfolgreich bist, dann sei diese Person für andere. Neben deinem Namen sollte auch immer ein Herzchen stehen. Hochmut kommt vor dem Fall und dagegen hilft, sich an die Zeiten zu erinnern, in denen du Tausend Fragen hattest und sie dir jemand beantwortet hat.

Wer nicht auf dem Wissen anderer aufbaut, erfindet im Zweifel das Rad neu, sorgt aber nicht für wahre Innovation.

Selbst wenn keiner meiner ursprünglichen Berufswünsche in Erfüllung gegangen ist (zumindest bis jetzt), würde ich nichts grundlegend anders machen. Natürlich hätte ich gern diverse Fehler vermieden, aber sie waren nun einmal Teil meiner Reise. Wenn du dank meiner Founder's Story ein paar davon vermeidest, hat es sich für mich gelohnt, sie aufzuschreiben. Wer nicht auf dem Wissen anderer aufbaut, erfindet im Zweifel das Rad neu, sorgt aber nicht für wahre Innovation. Wenn du früh genug damit anfängst, machst du deine Lehrjahre gleich zu Herrenjahren.

Keine Ahnung, ob ich ein Leben lang Gründerin sein und als *Serial-Founderin* in Rente gehen werde. Denn trotz meiner zahlreichen Ideen für mindestens ein Dutzend weitere *Start-ups* lasse ich mir erst einmal Zeit. Als eine der jüngsten Gründerinnen Deutschlands habe ich glücklicherweise noch reichlich davon. Das Gleiche gilt auch für erfahrenere Generationen. Denn Gründende im Alter über 40 sind durch ihre Lebens- und Berufserfahrungen statistisch gesehen erfolgreicher und sparen sich ein paar Umwege. Den Hype um 30 Under 30 kann man getrost ignorieren, denn jeder Mensch hat sein eigenes Tempo.

Mein abschließender Tipp:

Statt dich mit anderen zu vergleichen, messe dich lieber an deinem früheren Ich.

So wie meine Mutter damals mein Wachstum mit Bleistiftstrichen am Türrahmen angezeichnet hat, dürfen wir genauso unsere Erfolge dokumentieren. Sei es in der Storyline oder in einer Excelliste.

Und falls es dir bis jetzt noch keiner gesagt hat, tu es selbst: Sei stolz auf dich und den Weg, den du bis hierhin gegangen bist. Egal ob mit Schuhen oder barfuß!

AMBOSS

Empowering Doctors
to provide the best
possible Care

Dr. Sievert Weiss

STECKBRIEF

Name: DR. JAN SIEVERT WEISS

Geburtsdatum: 22.09.1983

Geburtsort: Braunschweig

Ausbildung: Promotion, Humanmedizin

Ursprünglicher Berufswunsch: Arzt

Erste Gründung im Alter von: 27

Fun Fact: Mein Name ist die Maßeinheit für Strahlenschutz.

Beruf Vater: Architekt

Beruf Mutter: Arzthelferin und MTA

Vorbilder: Dr. Sujit Brahmochary, Gründer des ›Institute for Indian Mother and Child‹ (IIMC) in Kolkata, Indien

Bester Tipp, den ich je bekommen habe: Just do it!

Mein persönlicher Myth Buster: »Man sollte BWL studiert haben, um zu gründen.« – Quatsch!

Bücher, die man gelesen haben muss: fürs Leben: ›A Guide to the Good Life: The Ancient Art of Stoic Joy‹ von William B. Irvine – fürs Business: ›High Output Management‹ von Andy Grove

Sievert Weiss ist *Co-Founder* von AMBOSS, einer Plattform von Medizinern für Mediziner. Sie vereint Lernsoftware und Nachschlagwerk für angehende Ärzte ab dem ersten Tag an der Uni bis weit über die Facharztprüfung hinaus. Gegründet 2012, verlassen sich heute mehr als eine halbe Million Mediziner im Beruf, während des Studiums und in der Lehre auf AMBOSS.

Mit einem Team von fast 500 Ärzten, Wissenschaftlern und Software-Engineers sowie Büros in Berlin, Köln und New York gehört AMBOSS zu den erfolgreichsten Medtech-*Start-ups* in Deutschland und zu den wahrscheinlich unbekanntesten Founders' Stories der Branche. Doch allein das Fundraising von über 60 Millionen Euro zeugt davon, um was für einen Hidden Champion es sich bei AMBOSS handelt. Höchste Zeit also, dass Sievert seine persönliche Founder's Story erzählt.

Dos:

– Lernen durch gegenseitiges Erklären

– Endlichen Zeithorizont vor der Gründung abstecken

– Zufriedene User sind die überzeugendsten Expert Interviews für *VCs*

– Suche dir eine Nische, in der du dein Business geschützt aufbauen kannst

Don'ts:

– Ein technisches Fundament, das nicht stabil und skalierbar ist

– Prozesse zu spät installieren

– Den Namen Sievert in den 1980er-Jahren für einen Sohn anmelden

Sieverts
Founder's Story

»Ein ›Sievert‹ auf einmal ist tödlich«, hörte ich mal im Fernsehen. Gemeint war damals Sievert als physikalische Maßeinheit von Strahlendosen, die zur Bestimmung von Strahlenbelastungen auf den menschlichen Körper verwendet wird. Traurige Berühmtheit erlangte diese Einheit, als sich das Atomkraftwerk in Fukushima seiner radioaktiven Abfälle in der Umgebung entledigte.

Als ich 1983 in Braunschweig geboren wurde, wollte man den Namen Sievert aber aus einem anderen Grund nicht akzeptieren: Er war dem Beamten nicht männlich genug. Daher trage ich noch den Zweitnamen Jan, der jedoch nicht verhindert, dass ich bei jeder Gelegenheit sagen muss: »Ja, Sievert ist ein ungewöhnlicher Vorname, ja, kennt man sonst nur als Nachnamen.« Einer der geistreichsten Witze über meinen Namen ist: »Du strahlst ja so, kommst du gerade von Sievert?« Die anderen erspare ich den Lesenden.

Damals war mein Vater an der TU Braunschweig in der Fakultät für Architektur als wissenschaftlicher Mitarbeiter tätig. Er hatte den Namen in Knut Hamsuns ›Segen der Erde‹ entdeckt. Meine Mutter hatte sich ein paar Jahre zuvor von der Arzthelferin zur Medizinisch-Technischen Assistentin weitergebildet.

Drei Jahre später wurde mein Bruder Jasper geboren. Wir lebten meiner Erinnerung nach relativ glücklich und sorgenfrei zusammen, bis unsere Eltern begannen, sich zu trennen, was ungefähr fünf Jahre an emotionalem Achterbahn-Auf-und-Ab dauern sollte. Wir waren zu Beginn sechs beziehungsweise drei Jahre alt und ich glaube, das hat uns alle bis heute nachhaltig geprägt.

Meine küchenpsychologische Deutung ist, dass ich auf die Trennung so reagierte, dass ich mit guten Leistungen beeindrucken wollte, vor allem in der Schule. Ich glaube, das steckt bis heute in mir drin, wobei ich mir manchmal wünschte, dass ich es abstellen und etwas gelassener werden könnte.

Ich bin meiner Mutter bis heute dankbar, dass ich studieren durfte, und halte es noch immer für ein kleines Wunder.

Bis zur zwölften Klasse wusste ich dann eigentlich überhaupt nicht, was ich nach dem Abi machen wollte. Wir wuchsen bei meiner alleinerziehenden Mutter auf, die uns – ich kann mir das heute gar nicht vorstellen – mit dem Halbtagsgehalt einer Sekretärin (MTAs wurden in Braunschweig nicht mehr gebraucht) über die Runden brachte. Und sie brachte uns nicht nur irgendwie durch. Ich hatte zu keinem Zeitpunkt das Gefühl, arm zu sein. Es stand auch nie außer Frage, dass ich studieren durfte. Dafür bin ich meiner Mutter bis heute dankbar und halte es ehrlich gesagt noch immer für ein kleines Wunder.

Nur was studieren? Ich fand unterschiedliche Fächer reizvoll wie Architektur oder Industriedesign, war auch immer noch recht gut in fast allen Schulfächern, aber an keinem überdurchschnittlich interessiert. Ich stellte mir die Frage, womit ich meine Arbeitszeit verbringen wollen würde, wie diese Arbeit beschaffen sein sollte und wünschte mir eher blauäugig etwas, was immer gebraucht würde und für menschliche Bedürfnisse wichtig ist. Das schloss meiner Meinung nach damals Architektur und Industriedesign aus, weil das für mich eher ›Luxusfächer‹ waren.

Schlussendlich fiel meine Wahl auf Medizin, weil es für mich naturwissenschaftliches Denken mit menschlicher Nähe kombinierte und wahrscheinlich immer gebraucht werden würde – also Sicherheit bedeutete. Glücklicherweise erlaubte mir mein Numerus clausus dann gerade eben noch, das Studium 2004 in Göttingen aufzunehmen.

Während meines Studiums fand ich es zwar sehr spannend, die Funktionsweise des menschlichen Körpers und die Auswirkungen von Dysfunktionen zu verstehen, doch die vorherrschende Lehrmethode, die häufig auf purem Auswendiglernen beruhte, ernüchterte mich. Mir fehlte der Fokus auf das Erlernen echter praktischer Fähigkeiten und der Umgang mit Patienten erschien mir nicht selten nahezu unmenschlich. Ich fühlte mich dann eher wie ein Beobachter eines skurrilen Schauspiels als wie ein echter Akteur.

Vielleicht auch deshalb entwickelte ich allmählich ein Interesse an öffentlicher Gesundheit, woraufhin ich als Freiwilliger zu einem Projekt namens ›Institute for Indian Mother and Child‹ zur Entwicklungszusammenarbeit ins ländliche Indien reiste. Dort, am Gangesdelta südöstlich von Kolkata, dem Armenhaus Indiens mit etwa 13 bis 16 Millionen Einwohnern, wurden mir die Vorteile eines ganzheitlichen Ansatzes klar. Dieser geht über die direkte medizinische Versorgung hinaus und widmet sich den Ursachen von Krankheit sowie Armut und vor allem mangelnder Bildung.

Der Gründer dieses Projekts, Dr. Sujit Brahmochary, lebt und vermittelt diese Idee bis heute mit sprühendem Optimismus und unbändiger Energie. Bevor ich Dr. Sujit das erste Mal traf, hatte ich mir einen älteren, in sich ruhenden Mann mit Rauschebart vorgestellt. Tatsächlich aber ist er ein akkurat frisierter und gekleideter Herr mit hellwachen Augen und einer endlosen Quirligkeit, mit der er immer und überall Menschen für sein Projekt begeistert. Als er mich Jahre später in Deutschland besuchte und mit dem ICE von einem Veranstaltungsort zum anderen fuhr, stellte er sich vor die 1. Klasse, sprach jeden Ein- und Aussteigenden an und überzeugte mehrere Passagiere, lieber ein Patenkind in Indien zu adoptieren, anstatt 1. Klasse zu fahren.

Dieser Mann und meine Erfahrung auf dem indischen Subkontinent prägten den Wunsch, mein medizinisches Wissen auf eine Weise einzusetzen, die ganzheitlichere Veränderungen ermöglichen würde als das direkte Handeln am Patientenbett. Ich plante daher, nach dem Medizinstudium noch einen Master of Public Health zu machen, bei dem ich dann auch echte Fähigkeiten in diesem Bereich erlernt hätte.

Eine gut funktionierende Lernmethode ist, sich Themen gegenseitig einfach zu erklären.

Doch dazu kam es nicht. Beim Lernen für das abschließende Staatsexamen des Medizinstudiums büffelte ich mit meinen guten Freunden Kenan Hasan und Madjid Salimi in einer Lerngruppe. Wir hatten vorher bereits für das erste Staatsexamen zusammen gelernt und eine für uns gut funktionierende Lernmethode entwickelt. Wir erklärten uns Themen auf einfache Weise gegenseitig. Zu verstehen, worauf es ankommt, Zusammenhänge zu erkennen und Verknüpfungen zu bilden, funktionierte hervorragend für uns. Zwar benötigten wir auf diese Art initial deutlich mehr Zeit pro Thema, aber konnten es viel besser und länger behalten.

Diese Methode stand im krassen Gegensatz zu dem, was die damaligen Vorbereitungsmöglichkeiten boten. Nicht nur waren die Lernprogramme langsam und unflexibel, es mangelte ihnen an didaktischer Struktur, die ein tiefgehendes Verständnis der medizinischen Inhalte förderte. Stattdessen stützten sich die Materialien auf veraltete Informationen, waren inkonsistent in Inhalt und Qualität und oft von Ungenauigkeiten durchzogen. Man muss dazu wissen, dass sich Medizinstudierende im Schnitt 100 Tage lang von früh bis spät auf diese Abschlussprüfung vorbereiten, um zu bestehen. Da ist für Ineffizienz kein Platz. So kam irgendwann eher zufällig die Frage in unserer Runde auf: Warum gibt es eigentlich kein Lernprogramm, das genau das ermöglicht, was wir in unserer Gruppe machen? Dinge einfach erklären, auf das Wesentliche herunterbrechen und Verknüpfungen bilden, den Fokus auf das Wichtige legen. Wir malten uns aus, wie das in einem Programm aussehen würde, welche Funktionen wir uns wünschten, wie die Didaktik aufgebaut sein könnte. Das war theoretisch schon die Geburtsstunde von AMBOSS – nur dass es für uns in dem Moment nicht mehr als Spinnerei war. Wir steckten ja noch mitten in der Examensvorbereitung.

Wir waren alle bereit, zwei Jahre in diese Idee zu investieren, um zu schauen, wie weit wir in dieser Zeit kommen würden.

Ende 2010 hatten wir drei die Prüfung erfolgreich bestanden. Wir gingen unserer Wege und schrieben zunächst einmal jeder unsere Promotionsarbeit weiter. Im Laufe des Jahres 2011 schauten wir uns – von Madjid getriggert – die Idee abermals ein paar Mal an, legten sie aber immer wieder zur Seite. Kenan und ich hatten eigentlich noch jeweils einen längeren Weg der Ausbildung vor uns. Sich dieser Idee hinzugeben, passte da nicht rein. Nur Madjid beharrte darauf, sodass wir uns Mitte 2011 in Köln trafen und uns mehrere Tage Zeit nahmen, darüber zu diskutieren. In diesen Tagen entwarfen wir ziemlich schnell ein Konzept davon, wie das Programm aussehen könnte – und waren angefixt. Am letzten Abend trafen wir eine Entscheidung. Wir waren alle bereit, zwei Jahre in diese Idee zu investieren, um zu schauen, wie weit wir in dieser Zeit kommen würden.

Diese zeitliche Begrenzung war damals für Kenan und mich sehr wichtig, weil wir als Mediziner nicht gewohnt waren, von klar vorgezeichneten Wegen abzuweichen. Dieses Timeboxing erlaubte es uns, unsere ursprünglichen Pläne nicht abzusagen, sondern erst einmal auf Eis zu legen. Wir sagten uns, dass wir im schlimmsten Fall eine Menge lernen würden und dann immer noch zurück ins Krankenhaus gehen könnten. Für mich war das wahrscheinlich die schwierigste Entscheidung meines Lebens: diesen potenziell riskanten und nicht einen klar berechenbaren, scheinbar sichereren Weg zu gehen. Begünstigend kam hinzu, dass wir gerade erst aus dem Studium kamen und alle eher einen studentischen Lebensstil ohne große Verpflichtungen pflegten.

Nach der Entscheidung für AMBOSS legten wir richtig los mit der Konzeption. Uns wurde klar, dass wir mehr zu den verschiedenen Bestandteilen herausfinden mussten, die uns wichtig erschienen, um dieses Programm entwickeln zu können. Wo bekommen wir die Inhalte her beziehungsweise kann man die Prüfungsfragen einfach nutzen? Wie würde aus dieser Plattform ein Geschäft werden und wer wäre bereit, dafür zu bezahlen? Und vor allem: Würde sich das lohnen oder wäre es ein Minusgeschäft?

Die Antworten auf die ersten beiden Fragen waren ein ziemlicher Dämpfer. Die Prüfungsfragen der halbstaatlichen Institution mussten wir gegen eine beträchtliche Schutzgebühr von 250.000 Euro lizenzieren. Wir hatten weder Ahnung, wie wir dieses Geld auftreiben sollten, noch, ob wir diese Lizenz überhaupt bekommen würden. Wir überlegten, die riesige Menge an Inhalten von einem der einschlägigen Verlage zu beziehen, um sie für eine ›echte digitale‹ Plattform zu recyceln. Doch wir merkten schnell, dass die Inhalte alle komplett überarbeitet werden mussten, damit sie unseren Vorstellungen entsprachen. Nur bearbeitet man eine solche Menge an Fragen nicht mal eben so. Es hätte mehrere Jahre gedauert, den notwendigen Content mit zwei bis drei Redakteuren zu erstellen.

Wir stellten außerdem erste Hochrechnungen an, welchen Umsatz wir im besten Fall generieren könnten. Kurz gesagt sind 10.000 Medizinstudierende pro Jahr ein eher überschaubarer Markt, für den sich der Aufwand kaum lohnen konnte. An dieser Stelle hätte ich allein sicherlich aufgegeben. Die Hürden schienen einfach zu groß.

Aber hier kam ins Spiel, dass wir eben nicht Solo-Founder waren, sondern drei Freunde. Wir konnten und mussten uns regelmäßig gegenseitig motivieren, weiter nach Lösungen zu suchen.

»Optimism is a muscle that gets stronger with use.« *Robin Roberts*

Wir wuchsen an jeder Herausforderung und trauten uns mit der Zeit immer mehr zu. Für die hohen Lizenzgebühren fanden wir nach einigen Versuchen *Business Angels*, die bereit waren, uns für die Idee und die Lizenz Geld zu geben. Von diesen Engeln hatte ich vorher noch nie gehört. Auch dass jemand ein derartiges Risiko eingehen würde, schien mir damals absurd – obwohl wir selbst von der Idee absolut überzeugt waren. Damit konnten wir auch erst einmal unsere Honorararzt-Tätigkeit ad acta legen, die wir begonnen hatten, um uns irgendwie über Wasser zu halten.

Für den Berg an redaktioneller Arbeit gewannen wir zunehmend Verstärkung aus dem Familien- und Bekanntenkreis. Wir bauten eine richtige Bewegung aus Überzeugungstäterinnen, Abenteurern und Schaulustigen auf, die alle anpacken wollten – auch wenn keiner damit mehr Geld verdiente, als gerade so für das Überleben nötig war. Das war essenziell, denn von dem Angel-Investment war nach Abzug der Lizenzkosten nicht mehr viel übrig.

Für den begrenzten Markt hatten wir mittlerweile auch eine Lösung ausgearbeitet. Schon in Zeiten der ›Spinnerei‹ während der Examensvorbereitung hatten wir überlegt, dass man das Lernprogramm ja auch mit einer Stellenbörse oder einem Karrierepiloten verknüpfen könnte. Unserer Meinung nach ein veritabler zusätzlicher Revenue Stream angesichts des Ärztemangels.

Eine Frage, der wir eher nebenbei Aufmerksamkeit widmeten, war, wie das Ganze heißen sollte. Alles mit ›Doc‹ oder ›Med‹ schien schon vergeben. Wir wollten uns da auch nicht in eine Reihe stellen. Madjid fragte mich irgendwann, was ich von dem Namen ›AMBOSS‹ hielt. Es hatte einen Bezug zu der unter Medizinstudierenden verbreiteten Bezeichnung für das Examen: ›Hammerexamen‹. Gleichzeitig war es eine medizinische Referenz, denn Hammer, Amboss und Steigbügel sind die Gehörknöchelchen im Mittelohr, die den Schall vom Trommelfell auf das Innenohr übertragen. Und ›Steigbügel‹ konnte womöglich eine passende Brand für den Karrierepiloten sein. Uns gefielen die Namen auf Anhieb und wir nutzen sie bis heute – zumindest einen von ihnen.

Anfang 2012 gingen wir in die Serienproduktion der Inhalte und bauten das dazu nötige Content-Management-System selbst auf. Um zu der Zeit gemeinsam an einem Ort arbeiten zu können, bekamen wir netterweise von dem Vater eines Freundes eine sanierungsbedürftige Wohnung in der Berrenrather Straße in Köln zur Verfügung gestellt. Madjid wohnte damals noch in Köln, Kenan und ich nahmen uns zwei Zimmer in einer WG zur Untermiete in der Nähe des ›Büros‹. Und dann fingen wir an, Erklärungen zu

10.000, teilweise sehr spitzfindigen Prüfungsfragen zu schreiben. Wir aßen meist Nudeln mit Pesto oder gingen in die Mensa der Uniklinik Köln. Manche von uns schliefen zwischen den Schreibtischen oder in der Abstellkammer. Die Laptops stellten wir auf Tapeziertische und wenn der Platz knapp wurde, setzten wir uns auch in die Badewanne und auf den Klodeckel. Einer der ganz frühen Mitgründer, Olaf, kam direkt aus Mexiko bei uns im Kölner Büro an und zog dort ein, ohne überhaupt nach Hause zu fahren. Er wollte eigentlich nur mal reinschnuppern, blieb aber, weil ihn die Energie unseres *Start-ups* derart fesselte.

Das Gefühl, dass unser Erfolg oder Misserfolg direkt mit dem Arbeitseinsatz korrelierte, war nicht immer nur angenehm.

Anfänglich brauchte eine Person pro Frage einen Tag, mit der Zeit wurde es eine Stunde. Wir setzten uns Ziele: Jeder musste am Tag mindestens neun Fragen kommentieren. Aus dem, was nicht fragenspezifisches, sondern allgemein wichtiges medizinisches Wissen war, bauten wir zusätzlich eine Bibliothek aus ca. 800 Kapiteln zu sämtlichen Krankheiten, Verfahren und Medikamenten auf. Alles hing davon ab, dass wir ein inhaltlich vollständiges Programm für die Prüfungsvorbereitung würden anbieten können. Dabei spielten die Zeit und das damit ausgehende Geld gegen uns. Das Gefühl, dass unser Erfolg oder Misserfolg direkt mit dem Arbeitseinsatz korrelierte, war nicht immer nur angenehm. Wir arbeiteten über ein Jahr lang 15 Stunden an sechs bis sieben Tagen die Woche und erlaubten uns, wenn ich mich recht erinnere, zehn Tage Urlaub. Eine intensive Zeit.

Ich weiß noch, wie wir den ersten Prototyp des Programms gesehen haben. Das war total verrückt und fast so schön wie die Geburt des eigenen Kindes im Kreißsaal. Wir aktivierten alle unsere Medizinerfreunde, über die gesamte Plattform zu schauen und Feedback zu geben. Hunderte von helfenden Händen wurden mehrere Tage aktiv. Wir waren völlig ausgelaugt und brauchten an einigen Stellen Expertenwissen. Madjids Bruder Nawid Salimi, der nach uns dreien als *Co-Founder* zu uns gestoßen war und heute CMedO bei AMBOSS ist, sagte damals, dass es sich für ihn ein wenig wie bei ›Der Herr der Ringe‹ anfühlte: Die Gemeinschaft hat ihr Ziel erreicht, der Ring ist zerstört – nur sitzen Frodo und Sam irgendwo im tiefsten Mordor und drohen zu verhungern und zu verdursten. Da kommt Gandalf und rettet sie mit seinen Adlern.

Genau genommen ist es bis heute so, dass wir viel Feedback von Usern bekommen und einarbeiten und so jeder an der ständigen Verbesserung von AMBOSS mitwirken kann. Ich glaube, dieses gemeinschaftliche Zusammenwirken vieler Experten an einem Produkt, von dem alle überzeugt sind, ist eine der großen Stärken von AMBOSS.

Ende 2012 ging die erste Version von AMBOSS live. Sie richtete sich an die Kohorte Studierender, die im Frühjahr 2013 Examen machen würde.

Wir hatten kein Geld für Marketing und tingelten einfach selber von Uni zu Uni.

Wir suchten nach den richtigen Jahrgängen und traten guerillamäßig zwischen zwei Vorlesungen auf, um AMBOSS zu pitchen. Danach schlichen wir durch die Bibliotheken, verteilten Flyer und lockten mit einem iPad in der Hand Studierende aus der Mensa. 36 medizinische Fakultäten gab es damals und wir haben sie alle besucht – mehrfach.

In der Frühjahrskohorte 2013 lernten 15 Prozent der 10.000 Examenskandidaten mit uns. Das waren nur circa 600 Studierende, aber es war schon ein großer Erfolg, auf den wir recht stolz waren.

Finanziell war das allerdings noch kein Befreiungsschlag. Das Angel-Geld war alle und der Umsatz zu gering. Wir mussten umdenken, um überhaupt weitermachen zu können. Uns wurde klar, dass wir jetzt nicht mehr so viele Leute benötigen würden – das Produkt war ja ›fertig‹. Also entschieden sich einige, die Firma zu verlassen – inklusive mir. Die Verbliebenen zahlten sich eine Weile keine Gehälter mehr aus und die, die es konnten, arbeiteten wieder als Honorarärzte.

Ich selbst arbeitete in der anästhesiologischen Abteilung der Intensivstation eines größeren Krankenhauses in Berlin. Einerseits war ich von dieser ganzen aufregenden und anstrengenden Zeit einfach erschöpft, andererseits wollte ich noch klinische Erfahrung sammeln, die mir dann für den aufgeschobenen Master of Public Health helfen würde.

Anästhesie und Intensivmedizin haben mit allem, was man tut, einen sehr direkten Einfluss auf die Patienten. Man arbeitet gewissermaßen wie ein Pilot, der die Kontrolle über die wesentlichen Funktionen des menschlichen Körpers übernimmt. Dafür braucht man ein gutes Verständnis von Atmung, Kreislauf, Wasser- und Wärmehaushalt sowie natürlich von Schmerzempfinden und Bewusstsein – und den Zusammenhängen all dieser Aspekte im Rahmen unterschiedlicher Narkoseformen. Dazu hat es recht handwerkliche Facetten, weil die Atemwege gesichert sowie Zugänge zum venösen und teils auch arteriellen System hergestellt werden müssen. Wenn man diese Fähigkeiten beherrscht, kann man kritisch kranke Patientinnen in der Regel gut stabilisieren und tritt Notfallsituationen strukturierter und vielleicht auch ein wenig gelassener gegenüber. Prinzipiell also ein Fach, das gut zu meinem früheren Bild von der Medizin passte.

Während ich dort arbeitete und immer mehr dazulernte, merkte ich auch, wie wenig es auf mich als Individuum ankam und richtigerweise ankommen sollte. Im besten Fall macht es für die Patienten keinen Unterschied, welcher Arzt die Narkose oder Operation durchführt. Alles ist standardisiert und wird protokolliert. Was gut für die Patienten ist, hatte meinem Eindruck nach den Nachteil, dass der Raum zum Gestalten natürlich erheblich eingeschränkt ist. Irgendwann saß ich im OP, machte Narkose und ertappte mich dabei, wie ich auf die Uhr schaute. Nicht etwa, um zu prüfen, wie lange der Patient bereits narkotisiert war, sondern um nachzusehen, wie viel meines Arbeitstages ich schon hinter mir hatte. Das tat ich immer häufiger und kam letztlich zu dem Schluss, dass es keinen Sinn macht, seine Arbeitszeit möglichst schnell rumbekommen zu wollen. Schließlich stellt sie einen großen Teil unseres aktiven, wachen, bewusst erlebten Tages dar. An einem Sonntagmorgen, als ich mal wieder zu einem Wochenenddienst aufbrach, kam ich an einer alten Fußgängerunterführung am S-Bahnhof Ostkreuz an einem Plakat vorbei, auf dem stand: »Was würdest du arbeiten, wenn für deinen Unterhalt gesorgt wäre?« Mehr nicht. Ich vermute, es war eine Kampagne für das bedingungslose Grundeinkommen, doch ich beantwortete mir die Frage mit: »Definitiv nicht das, was ich gerade mache! Aber vielleicht AMBOSS?« Also entschied ich mich, nach einem Jahr am Krankenhaus zu kündigen und wieder bei AMBOSS anzuklopfen.

Wir hatten anscheinend einen Nerv getroffen – und das nicht im medizinischen Sinne.

Dort hatte sich das Bild in der Zwischenzeit sehr zum Positiven gewandelt. Innerhalb eines Jahres hatten wir einen unglaublichen Marktanteil von 90 Prozent erlangt. Wir hatten anscheinend einen Nerv getroffen – und das nicht im medizinischen Sinne. Offenbar wollte kaum jemand den Kürzeren ziehen und jeder mit uns lernen.

In der Folgezeit starteten wir verschiedene Initiativen. Zum einen launchten wir unsere Variante einer Jobplattform namens

>Steigbügel<. Hierbei hatten wir ähnlich hohe Ansprüche wie beim Lernprogramm und wollten nicht irgendein weiteres Stellenportal basteln. Wir dachten eher an ein Klinikverzeichnis mit allen für Mediziner relevanten Daten sowie Bewertungen, um dort später auch Stellen inserieren oder sogar Ärzte mit Kliniken matchen zu können.

Zum anderen ermutigte uns der Erfolg mit der Examensvorbereitung natürlich, das Programm zu erweitern – auch bestärkt durch User, die uns immer wieder schrieben und fragten, warum es AMBOSS nicht auch für das 1. Staatsexamen oder die Facharztprüfungen gäbe.

Unsere größte, vielleicht sogar ein wenig größenwahnsinnige Initiative: AMBOSS auf Englisch mit Fokus auf die USA.

Außerdem sahen wir, dass Medizinstudierende aus verschiedenen Ländern der Welt auf AMBOSS zugriffen und mit Hilfe von Google Translate für sich nutzten. Wir wussten, dass die Prüfungen in den USA auf einem ähnlichen fragenbasierten System fußten. Das nahmen wir zum Anlass für unsere bislang größte, vielleicht sogar ein wenig größenwahnsinnige Initiative: AMBOSS auf Englisch mit Fokus auf die USA.

Mit dem Einstieg von Benedikt Hochkirchen im Jahr 2013, der die betriebswirtschaftliche Seite unseres *Start-ups* übernahm, standen wir auch mit *VCs* in Kontakt. Bis dato waren sie der Meinung, dass der *Total Addressable Market (TAM)* zu klein sei für einen *VC*-Case. Dank des extrem erfolgreichen Leuchtturmbeispiels im deutschen Examensmarkt, gepaart mit diesen Wachstumsplänen, konnten wir schließlich mit Holtzbrinck Digital, Wellington Partners und Cherry Ventures die ersten institutionellen Investoren für uns gewinnen und das Team entsprechend vergrößern. Fun Fact: Die meisten der *VCs* hatten dazu Examenskandidaten interviewt, die vollkommen unaufgefordert anfingen, von AMBOSS zu schwärmen.

Aus Steigbügel wurde hingegen nichts. Wir hatten eine Menge Bewertungen eingesammelt und viele spannende Informationen zu den Krankenhäusern zusammengetragen. Aber erstens war das technische Fundament leider extrem wackelig, sodass es ständig repariert werden musste und damit sehr teuer wurde. Zweitens hatten wir versäumt, rechtzeitig auf eine Monetarisierung einzulenken. So stand da ein System mit guter Absicht und einem idealistischen Wert, das jedoch teuer zu unterhalten war und gleichzeitig nichts abwarf. Wir haben es 2019 komplett eingestampft.

In Sachen Wissensvermittlung waren wir mit AMBOSS aber weiterhin sehr erfolgreich. Ich fasse die Arbeit der letzten sieben Jahre in wenigen Zeilen zusammen: Mit AMBOSS kann man heutzutage in Deutschland von Tag eins des Studiums bis zur Rente als Facharzt lernen und sich informieren. Stand heute (2024) nutzen 70 Prozent aller Medizinstudierenden AMBOSS, 90 Prozent aller Medizinfakultäten hierzulande, 95 Prozent aller Examenskandidaten und knapp ein Drittel der deutschen Ärzteschaft sowie über 400 Kliniken in Deutschland. In den USA sind wir dabei, nach derselben Blaupause zu verfahren, wenn auch der Kraftaufwand dafür deutlich größer ist.

Um all das zu stemmen, haben wir über die Jahre weiteres Risikokapital von institutionellen Investoren wie beispielsweise dem Growth Fund von Partech Partners eingesammelt – bis heute in Summe über 60 Millionen Euro –, um unser Wachstum in sämtlichen Bereichen finanzieren zu können.

Wir wuchsen extrem schnell von circa 100 Teammitgliedern in 2015 auf über 400 im Jahr 2020. Und dieses Wachstum ging nicht spurlos an uns vorbei. Viele Managementsysteme für so eine Organisation wurden, wenn überhaupt, erst im Nachhinein geschaffen. Bis heute spüren wir noch Nachwehen dieser Wachstumsphase und können sie sehen, wie die Wachstumsstreifen am Bauch nach einer Geburt. Die Art, wie wir in und an dieser Organisation arbeiten mussten, hat sich sehr verändert und entwickelt sich auch heute immer weiter.

Trotzdem konnten wir nicht so skalieren, wie es manche E-Commerce-, Mobility- oder Delivery-Dienste taten – denn unser Wachstum war immer eine Funktion des Inhalts, den wir anboten, nicht nur unserer Software. Und dieser Content musste in mühsamer Handarbeit erstellt werden, damit er die Qualität erreichte, die Medizinern wirklich helfen und das Vertrauen in uns nicht enttäuschen würde.

Auch ist es gar nicht so einfach, die Aufmerksamkeit von Medizinstudierenden und Ärzten auf sich zu ziehen – basierend auf einem Facebook-Ad würde sich zum Beispiel niemand für eine Examensvorbereitung mit AMBOSS entscheiden. Es braucht echte Überzeugungsarbeit. Unser Marketing-Spend war daher immer an einem kurzfristigen *ROI* und insgesamt nah an einem gesamtwirtschaftlichen *Break-even* orientiert.

Seit der Finanzkrise haben wir auf Profitabilität umgestellt, um nicht von externem Geld abhängig zu sein. Wir wachsen dabei weiter, aber organisch.

> Es ist surreal zu sehen, mit welcher Selbstverständlichkeit unsere fast 500 Mitarbeitenden jeden Tag ins Büro gehen.

Es ist 13 Jahre her, dass wir uns auf diese fantastische Reise – zwar nicht ganz wie im Roman von Isaac Asimov, aber doch sehr nah am Patienten – begeben haben. Wenn ich an die Anfänge zurückdenke, erfüllt es mich mit unglaublich viel Stolz, was wir bis dato erreicht haben. Es ist zugleich surreal zu sehen, mit welcher Selbstverständlichkeit unsere heute fast 500 Mitarbeitenden jeden Tag in die Büros kommen, um AMBOSS weiterzuentwickeln.

Trotzdem sehen wir unvermindert hohes Wachstumspotenzial für AMBOSS. Wir sind fest davon überzeugt, dass alle im Gesundheitssystem Tätigen jederzeit Zugang zu aktuellen und verlässlichen medizinischen Informationen haben sollten, damit Patienten die bestmögliche Behandlung erfahren. Das wollen wir für Deutschland, die USA und die restliche Welt. Das ist unsere Mission und der Grund, warum wir alle jeden Tag zur Arbeit kommen. Und das ist kein Absitzen von Zeit, von der ich hoffe, dass sie möglichst schnell um ist. Damit AMBOSS dem näherkommen kann, muss uns das Unternehmen vermutlich überdauern. Ein Freund, der in dem Bereich der Entwicklungszusammenarbeit genau dort tätig war, wo ich mir auch mal vorgestellt hatte zu arbeiten, sagte mir: »Wenn du AMBOSS in jeden Winkel der Erde bringst, schaffst du damit viel mehr, als du durch die üblichen NGOs mit ihrer internen Bürokratie, dem politischen Taktieren und ihrer eigenen Agenda jemals erreichen kannst.« Deshalb habe ich neben meinem Ärztekittel auch den Plan, einen Master for Public Health zu machen, mittlerweile an den Nagel gehängt.

Wir brauchen deutlich mehr Gründende aus ›untypischen‹ Disziplinen.

Zugegeben, mein Hintergrund ist für einen Gründer eher untypisch. Umso mehr bin ich davon überzeugt, dass wir deutlich mehr Gründende aus ›untypischen‹ Disziplinen brauchen. Denn gerade hier schlummern viele der wichtigen, aber sehr komplexen Probleme, für die wir als Gesellschaft Experten benötigen. Es liegt mir fern zu behaupten, dass es nicht herausfordernd sei, ein E-Commerce-Unternehmen erfolgreich aufzubauen. Aber man zieht definitiv nicht mal eben ein Med- oder BioTech-*Start-up* auf, wenn man gerade seinen Abschluss an der WHU gemacht hat. Gründen sollte für Studierende aus untypischen Fachbereichen eine näherliegende Option werden. Es darf für sie nicht nur die wissenschaftliche Karriere oder die etablierte Industrie als Perspektiven geben. Des Weiteren müssen wir Deutschen an unserer Mentalität arbeiten und schon in der Schule weniger auf Konformität, sondern mehr auf Individualität und problemorientiertes, intrinsisch motiviertes Lernen setzen.

Deswegen engagiere ich mich auf viele Arten dafür, mehr Menschen aus wirtschaftsfernen Studiengängen fürs Gründen zu begeistern. Wir waren beispielsweise Teil einer Kampagne des Bundeskanzleramtes namens ›Makers of Tomorrow‹, die Studierenden das Gründen näherbringen sollte. Die zehn Episoden, jeweils mit inspirierenden Gründenden, finden sich frei zugänglich im Netz.

Zusätzlich unterstütze ich Gründende und Funds im Gebiet der Medizin mit Mentoring und Angel-Investments. Und ich spreche regelmäßig in Podcasts, auf Panels sowie in diesem Buch über das Gründen als untypischer Founder, um anderen die Angst davor zu nehmen.

Mit dem Namen Sievert habe ich übrigens irgendwann meinen Frieden geschlossen. Mittlerweile hat die Außergewöhnlichkeit des Vornamens tatsächlich mehr Vor- als Nachteile. Denn so viele gibt es davon nicht. Und wenn sich zwei Leute über einen Sievert unterhalten, handelt es sich nicht selten um mich und im Zweifel um einen gemeinsamen Bekannten. Trotzdem wird es wohl noch eine Weile dauern, bis ich keine Mails mehr mit der Anrede »Sehr geehrte Frau Sievert ...« erhalte.

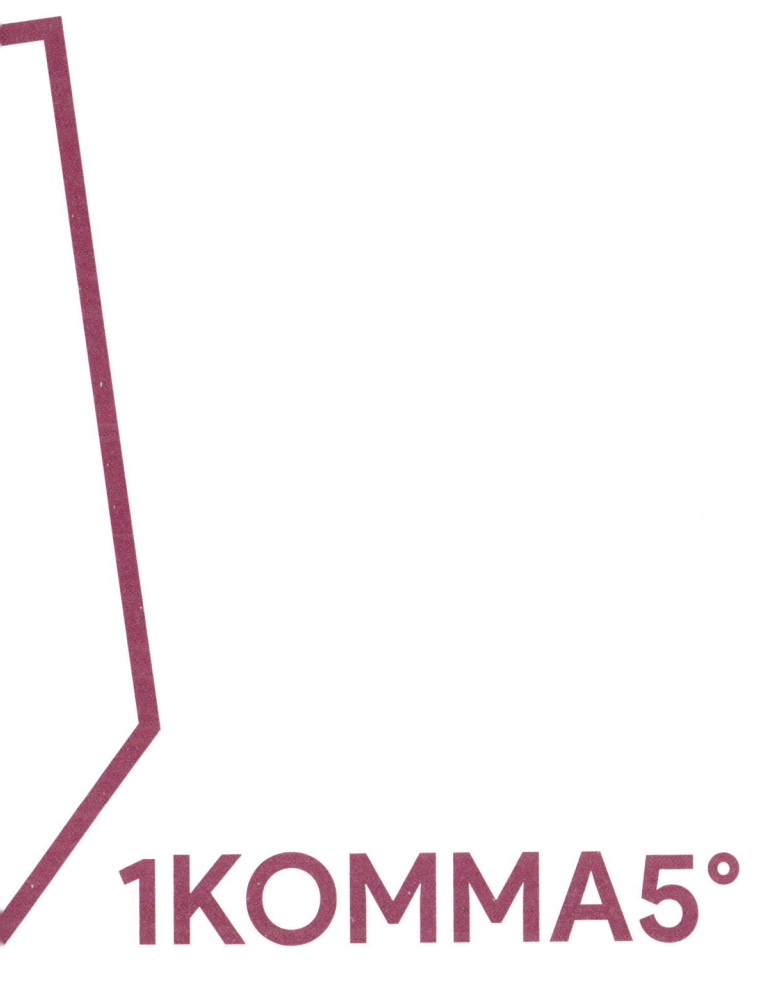

1KOMMA5°

Living on Wind and Sunlight
forever for free

Jannik Schall

STECKBRIEF

Name: JANNIK SCHALL

Geburtsdatum: 19.12.1990

Geburtsort: Freiburg im Breisgau

Ausbildung: Studium der Kommunikations- und Politikwissenschaften

Ursprünglicher Berufswunsch: Journalist

Erste Gründung im Alter von: 19

Fun Fact: Lebte bis vor Kurzem mit unserem Chief Revenue Officer Sascha Koppe in einer WG in Berlin-Neukölln

Beruf Vater: Kulturmanager

Beruf Mutter: Musiklehrerin

Vorbilder: Meine Großmutter, die mit über 100 Jahren ihre positive Grundeinstellung nie verloren hat.

Bester Tipp, den ich je bekommen habe: Nicht immer auf diejenigen hören, die vorgeben, alles verstanden zu haben.

Mein persönlicher Myth Buster: Es kommt nicht auf die Uni an oder auf Aufstehzeiten. Sondern darauf, dass man macht.

Buch, das man gelesen haben muss: Nicht lesen: anpacken!

Im Jahr 2021 präsentierten Philipp Schröder, Micha Grüber, Philip Liesenfeld und Jannik Schall, die vier Gründer von 1KOMMA5°, einen dreistufigen Masterplan namens ›New Energy‹. Ihr Ziel war und ist es, im großen Maßstab Haushalte und Gewerbe zu einem dezentralen Kraftwerk zusammenzuschalten, das ausschließlich aus nachhaltiger Energie gespeist wird. Kombiniert mit der firmeneigenen Software folgt der Strombezug dem Rhythmus von Wind und Sonne. Mit einer geplanten Kapazität von 1,5 Millionen vernetzter Energiesysteme bis 2030, die rund 22 Atomkraftwerken entsprechen würden, wäre 1KOMMA5° einer der größten Energieanbieter Europas. Als Chief Product Officer (CPO) nimmt Jannik Schall dabei eine zentrale Rolle ein. Durch seine vorherigen Stationen bei der Sonnen GmbH und Tesla ist er dafür bestens gerüstet.

Hier die Dos & Don'ts seiner Founder's Story.

Dos:

– Mit Menschen gründen, denen man vertraut. Sich bewusst sein, was man kann – und ehrlich sein, was nicht. Das, was man nicht kann, ist das, was man im frühen Recruiting zuerst angeht.

– Keep it simple: Egal wie komplex euer Produkt ist – für eure Kunden muss es leicht und angenehm zu nutzen sein.

– Investoren finden, die voll hinter dem Produkt stehen.

Don'ts:

– Einschüchtern lassen, weil alle sagen, das habe immer so funktioniert und sei nicht anders zu machen

– Sich vor dem Potenzial der eigenen Idee fürchten

– Nach dem schnellen *Exit* statt nach dem Sinn suchen

Janniks
Founder's Story

Selten war ein Name mehr Programm als der von uns: 1KOMMA5°. Mit der Anlehnung an das Pariser Klimaabkommen von 2015, auf das sich seinerzeit 197 Staaten einigten, steckt darin auch unsere Mission: die Begrenzung der Erderwärmung auf 1,5 Grad.

Allerdings wird dieses Ziel zunehmend unrealistischer. Die Emission von klimaschädlichem CO_2 ist in den vergangenen Jahren sogar gestiegen. Wenn wir so weitermachen, ist das globale CO_2-Budget bis 2030 aufgebraucht. Doch wirklich jede einzelne Person kann einen Beitrag leisten, indem sie anfängt, ihr eigenes Leben zu dekarbonisieren, also den eigenen Ausstoß von CO_2 verringert. Mit unserem Angebot helfen wir Menschen genau dabei. Wir wollen, dass alle ihr persönliches 1,5-Grad-Ziel erreichen können.

Vordergründig richten wir uns dabei an Eigentümer von Einfamilienhäusern und Gewerbekunden. Allein in Europa sprechen wir dabei von über 111 Millionen Dächern – und somit über 111 Millionen potenziellen Kunden. Diese Herausforderung ist so gigantisch, dass man wahrscheinlich mehr als 20 Unternehmen wie unseres bräuchte, um sie zu bewältigen. Klingt ambitioniert, das wissen wir, vielleicht sogar größenwahnsinnig. Aber eigentlich geht es nicht anders. Bei der aktuell wohl größten Herausforderung der Menschheit müssen wir so viel größer denken als bisher.

Dass ich einmal Unternehmer im Bereich nachhaltiger Energie werden würde, war eher unwahrscheinlich. Aufgewachsen bin ich zwar im ländlichen Schwarzwald und somit besteht seit meiner Kindheit ein gewisser Bezug zur Natur. Aber Unternehmertum war bei uns zu Hause kein Thema. Ich bin mit meiner alleinerziehenden Mutter, die Musiklehrerin ist, groß geworden. Die ganze Familie war und ist eher künstlerisch und geisteswissenschaftlich geprägt. Vielleicht beeinflusste das auch meinen ersten Berufswunsch in gewisser Weise. Ich wollte Journalist werden.

Und auch wenn daraus am Ende nichts wurde, habe ich beim anfänglichen Recherchieren und Schreiben die Fähigkeit entwickelt, mich schnell in neue Themen einzuarbeiten. Davon profitiere ich bis heute. Ich habe gelernt, Unbekanntes rasch in seinen Grundzügen zu erfassen und allgemeinverständlich wiederzugeben. Zwar habe ich es nie zu den großen Investigativgeschichten gebracht, aber ich weiß, wie aus einem Thema eine Story wird. Wie ich ein Produkt so mit Leben fülle, dass es mich und andere begeistert. Energie ist exakt so ein Thema.

Man kann Energie mit technischen Größen ausdrücken, etwa in Kilowattstunden anzeigen oder in Heizöläquivalenten aufwiegen. Aber man kann auch eine große Story über sie erzählen. Seit es Menschen gibt, wollen sie sich wärmen – und Geschichten hören. Was früher das Lagerfeuer neben der Höhle war, ist heute die Fußbodenheizung im Haus. Jedes Kind will wissen, wie der Strom in die Steckdose kommt. Erwachsene fragen sich, wie er in Zukunft, angesichts von Klimawandel und Energiewende, sauber und zuverlässig geliefert wird, um ihre Häuser zu wärmen und ihre Autos zu laden. Wir sprechen von ›Spannung‹, wenn wir einen Film schauen. Von einer ›elektrisierenden‹ Geschichte. Trotzdem sind wir hier viel zu langsam. Wir brauchen zu lange, um zu verstehen, dass wir die Energiewende als ganz große Story erzählen müssen, die alle hören wollen – als eine von Aufbruch und neuen Möglichkeiten.

Gemeinhin gilt die Energiebranche jedoch eher als unbeweglich und ziemlich langweilig, die Unternehmen und die Menschen, die sie repräsentieren, teilweise als eingestaubt. Da sind neben den alteingesessenen Energieriesen vor allem die gut 2.400 Stadtwerke. Nicht gerade glamourös, oder?

Dabei gibt es viele Unternehmen im Mittelstand, die in der Vergangenheit tolle Arbeit geleistet haben und richtig gute Produkte für die Gegenwart anbieten. Aber in Summe sehen wir eine geringe Offenheit für Innovation und kaum die Bereitschaft, eine tolle Story für die Zukunft zu erzählen, die die Menschen auch verstehen. Das möchten wir mit 1KOMMA5° ändern.

Der Job bei Tesla war sozusagen meine Einstiegsdroge in das Thema Nachhaltigkeit.

Nach der Schule habe ich erst einmal Zivildienst geleistet. Damals machte es mich glücklich, Menschen dabei zu unterstützen, ein selbstbestimmtes Leben zu führen.

Nebenher gründete ich eine kleine Firma im Bereich Onlinemarketing. Die Faszination, Menschen zu begeistern, indem man ihnen eine gute Story erzählt, ist mir also erhalten geblieben. Anschließend studierte ich Politik und Kommunikationswissenschaften an der Technischen Universität Dresden. Nebenbei jobbte ich bei Volkswagen und konzipierte Führungen durch Autofabriken.

Ein Wendepunkt für mich war Tesla. Ich hatte das Unternehmen seit seiner Gründung eng verfolgt und zufällig ergab sich nach meinem Studium die Gelegenheit für eine Probefahrt. Was die Leute da erzählten, klang wahnsinnig spannend und aufregend – und ganz anders als das, was ich bei Volkswagen gesehen hatte. Ich wurde neugierig darauf, wie so ein Unternehmen von innen aussieht. Zu dem Zeitpunkt gab es bei Tesla Deutschland fast nur Vertriebs- und Marketingjobs. Und obwohl mir das zuvor nie als Karriereoption in den Sinn gekommen war, war meine Neugier auf das Unternehmen so groß, dass ich mich trotzdem bewarb. Mein Bewerbungsgespräch bei Tesla führte ich mit jemandem, der heute ebenfalls bei 1KOMMA5° dabei ist. Bei Tesla habe ich auch meinen späteren *Co-Founder* und den Hauptinitiator von 1KOMMA5° kennengelernt: Philipp Schröder, der damals Deutschland-Chef des Unternehmens war. Tesla war unsere erste Station, die wir gemeinsam durchlaufen haben. Intensive Phasen am Anfang von Karrieren können zusammenschweißen.

Was mich bei Tesla fasziniert hat, war, dass es so völlig anders war als Volkswagen. Bei Tesla waren jede Menge cooler junger Leute in ihren Zwanzigern und es wurde unheimlich viel improvisiert. Ständig ist irgendetwas schiefgegangen und trotzdem wurde unglaublich viel bewegt. Es ging und geht mir immer noch um die grundsätzliche Attitüde, die dahinter steht: ›Wir machen einfach weiter.‹ Ich spürte den unbedingten Willen, Erfolg zu haben, und eine wahnsinnige Hingabe für die gemeinsame Mission.

Nicht nur die Begegnungen und der Austausch mit Kolleginnen und Kollegen bei Tesla waren für mich packend, sondern auch zu verstehen, wie die Kunden ticken. Menschen, die überlegen, sich ein Elektroauto anzuschaffen, machen sich vorher und währenddessen automatisch Gedanken zum Thema Energie. Wie weit komme ich mit Strom im Vergleich zu einer Tankfüllung mit

Benzin? Wo ist die nächste Ladestation, wenn ich unterwegs bin? Wie sauber ist die Energie, wenn ich mein Auto zu Hause an die Steckdose hänge? All diese Fragen haben mich seitdem begleitet. Der Job bei Tesla war sozusagen meine Einstiegsdroge in das Thema Nachhaltigkeit.

Das Tempo bei Tesla war extrem. Und der Wille zur radikalen Veränderung hat mich etwas Entscheidendes gelehrt: Nur weil man es schon immer so gemacht hat, ist es keineswegs weiterhin richtig. Eher bremst es eine Idee oder ein Produkt, sich Erkenntnissen aus der Vergangenheit zu sicher zu sein, wenn man es in Zukunft richtig groß denken will. Das typische Innovator's Dilemma eben.

Eine unvoreingenommene Sichtweise bringt frischen Wind in alte Branchen – und hilft, sie zu entstauben.

Philipp ging irgendwann zurück zu einem Unternehmen, in dem er schon zuvor gearbeitet hatte: dem Batteriespeicherhersteller Sonnenbatterie GmbH. Kurzerhand folgte ich ihm gemeinsam mit einer Handvoll Kollegen dorthin. Was Elon Musk mit seiner Solarbatterie ›Powerwall‹ gerade mit großem Tamtam gelauncht hatte, gab es in Deutschland nämlich schon. Und wir witterten unsere Chance.

Wir machten damals ein komplettes Rebranding von Sonnenbatterie zu sonnen, internationalisierten und stellten neue Produkte vor. Hier entstanden auch viele Ideen, die heute bei 1KOMMA5° umgesetzt werden. Wir erfanden die sonnenCommunity, eine Gemeinschaft von mittlerweile mehreren zehntausend Mitgliedern, die ihren Strom miteinander teilen und in einem virtuellen Kraftwerk vernetzt sind. Es ging von Anfang an darum, dem Kunden nicht einfach ein Sammelsurium an hässlichen Blechboxen ins

Haus zu schrauben, sondern eine sinnvolle Gesamtlösung zu entwickeln, die das Potenzial zum Statussymbol hat – ein Gedanke, den wir mittlerweile bei 1KOMMA5° konsequent weiterentwickelt haben.

Ich war gerade einmal ein halbes Jahr dabei, arbeitete wieder in Sales und Marketing, als Philipp mich bat, in die USA zu gehen und als Country Director interimsweise das US-Geschäft zu übernehmen. Ich war 25 Jahre alt und mir fehlte jegliche formale Ausbildung. Jemand mit einer betriebswirtschaftlichen oder technischen Ausbildung wäre sicher naheliegender gewesen. Ein Teil in mir dachte: ›Ich bin nicht der Richtige.‹ Ein anderer Teil dachte: ›Mal sehen, wie weit ich komme.‹ Zum weiteren Überlegen war keine Zeit, drei Tage später saß ich im Flieger nach Los Angeles. Die Situation vor Ort war ziemlich mies – ein Markt für das Produkt existierte praktisch nicht. Alle redeten zwar darüber, aber keiner wusste, wo zum Teufel man das Produkt verkaufen sollte. Während unser Wettbewerb in Kalifornien und Hawaii herumlief, wo es dank üppiger staatlicher Förderung angeblich bald richtig abgehen sollte, fand ich meine Kunden unter den Mormonen in Utah.

Es half jedoch nicht, dass unser Produkt in den ersten sechs Monaten praktisch nie funktionierte und im Laufe der Monate das Geld ernsthaft knapp wurde, um die rund 20 Mitarbeitenden vor Ort zu bezahlen. Ich musste die ersten harten Entscheidungen meiner Karriere treffen: Leute entlassen und den Gürtel enger schnallen. Hatte mein Vorgänger noch in den besten Hotels residiert, hieß es bei Geschäftsreisen ab sofort für das Team: Schäbige Motels müssen ausreichen.

Es war eine prägende Zeit, in der ich viel gelernt habe. Und in der ich einen enormen Vertrauensvorschuss erhielt, für den ich bis heute dankbar bin. Der damalige CEO von sonnen, Christoph Ostermann, der heute bei uns im Board sitzt, hat mich damals enorm unterstützt und sich für mich eingesetzt. Menschen zu fördern, die nicht auf dem Papier, sondern menschlich überzeugen, ist eine Philosophie, die ich stark verinnerlicht habe. Auch wenn man sich das Management von 1KOMMA5° anschaut, findet man dort eher nicht die typische Auswahl an Ex-Beratern und WHUlern, sondern eher unkonventionelle Köpfe.

Das richtige Team baut man nicht, indem man Menschen nur nach ihren Skills und ihrer Erfahrung zusammenwürfelt.

Es ist nämlich nicht zu unterschätzen, wie wichtig das richtige Team ist. Nur: Was ist das richtige Team? Ich glaube, man baut es nicht, indem man bloß Menschen nach Skills und Erfahrung zusammenwürfelt. Skills kann man lernen. Fehlende Erfahrung nachholen. Dafür bin ich selbst ja das beste Beispiel.

Vielmehr geht es darum, dass es menschlich passt. Dass man Leute findet, die sich auf eine gemeinsame Kultur des Zusammenhalts einigen können. Dieses Grundvertrauen ist nicht mit Abschlüssen oder beeindruckenden Einträgen im Lebenslauf aufzuwiegen. Es ist unbezahlbar. Ein Team ist dann richtig gut, wenn es auch emotional harmoniert. Und wer dafür einen untrüglichen Blick haben sollte, war der Mann, den ich Jahre zuvor bei Tesla kennengelernt hatte: Philipp Schröder – mein *Co-Founder* und der Hauptinitiator von 1KOMMA5°.

Philipp wusste genau, welche Fähigkeiten und Persönlichkeiten wir im Gründerteam brauchen würden. Er brachte Leute mit, bei denen er sich sicher war, dass er sich auf sie verlassen kann. Einer davon war ich. Wir kannten uns ja schon einige Jahre und wussten, was wir aneinander hatten – und weiterhin haben. Micha Grüber, unser CFO, kam aus einem Fintech-Unternehmen, das er mit Philipp gemeinsam aufgebaut und verkauft hat. Und den Vierten im Bunde, Philip Liesenfeld, kannte Philipp ebenfalls gut.

Das ist die erste Grundbedingung, wenn es darum geht, mit den richtigen Menschen zu gründen: Vertrauen.

Die zweite Grundbedingung ist Ehrlichkeit. Anders gesagt, ein ›Reality Check‹, bei dem man sich als Gründerteam schonungslos fragt: Was können wir selbst? Was sind Skills oder Eigenschaften, die wir nicht haben? Es ist dieses Wissen um die eigenen Stärken und Schwächen, die den ersten Einstellungen zugrunde liegen sollte: Wer ergänzt uns mit welchen Skills und Eigenschaften? So erspart man sich auch, ausschließlich Menschen zu rekrutieren, die einem selbst zu ähnlich sind. Man braucht nicht mehrfach dasselbe Profil von Menschen, wenn man gründet. Man benötigt Menschen, die die eigenen Stärken unterstützen, und solche, die die Schwächen ausgleichen.

Die dritte Grundbedingung ist die Motivation. Wir wollten, dass alle, die zu uns kamen und auch bis heute noch kommen, ein gemeinsames ›Why‹ teilen. Wenn wir das Gefühl gehabt hätten, da sucht jemand nur großes Geld über einen schnellen *Exit*, hätten wir ihm oder ihr freundlich viel Erfolg gewünscht. Für Menschen, die einzig und allein Geld und Erfolg antreibt, ist 1KOMMA5° nicht der richtige Ort. Wir wollten von Anfang an die Energiewende bewältigen. Denn nur so können wir unser namensgebendes Klimaziel erreichen. Wir, die Gründer. Wir, die Menschen in Deutschland und Europa. Und wir: die Menschheit insgesamt.

Vertrauen, Ehrlichkeit, Motivation – wenn diese drei Bedingungen stimmen, und das taten sie bei uns, dann kann doch eigentlich nichts mehr schiefgehen, oder?

Wir wussten beim Gründen, dass wir Menschen ermöglichen wollten, ihr persönliches 1,5-Grad-Ziel zu erreichen. Nur: Auch wenn man die Welt retten will, muss man den ersten Schritt gehen. Wie der konkret aussieht, ist natürlich von Fall zu Fall unterschiedlich. Das kann ein Gründungsmanifest sein. Ein grandioses Pitchdeck. Ein Slogan. Etwas, mit dem alles losgeht. Bei uns war es eine simple Basecap.

Denn bevor wir eine richtige Website hatten, bevor wir ein offiziell eingetragenes Unternehmen waren, hatten wir unser Logo. Und Philipp Schröder kam auf die Idee, das Logo auf Basecaps drucken zu lassen. Als wir so eine in der Hand hielten, war es das erste Mal, dass unsere Marke sichtbar und greifbar war. Ein echter Startpunkt. Einer, der nicht nur in unseren Köpfen existierte, sondern auch auf unseren Köpfen.

Obwohl viel Funding ins Handwerk fließt, verstehen wir uns mehr als Software-Company.

Wir wollten von Anfang an nicht weniger, als maßgeblich die Energiewende in Europa gestalten. Dazu brauchte es einen Masterplan, den wir als Gründerteam ausarbeiteten. Wir nannten ihn ›New Energy‹.

In Stufe eins ging es darum, eine schlagkräftige Werkbank zu schaffen, mittels derer wir eine solche Mammutaufgabe überhaupt bewerkstelligen konnten. Denn im wahrsten Sinne des Wortes bedarf es zahlreicher Gewerke, um in die Umsetzung zu kommen. Wir wussten: Wir würden das niemals allein bewältigen können.

Die dafür notwendigen Fachkräfte selbst auszubilden, hätte schlicht zu lange gedauert. Und es wäre in der Größenordnung, die wir uns vorstellten, auch gar nicht möglich gewesen. Sofort und nicht erst in einigen Jahren einen Impact zu haben – das konnten wir nur mithilfe hoch qualifizierter Profis.

Diese Profis bewegen sich auf dem Markt für Solaranlagen und klimaneutrale Energielösungen, der extrem fragmentiert ist. Er besteht aus vielen kleinen Playern. Gut laufende Handwerksbetriebe, echtes Fachhandwerk in ganz Europa. Die sind super, wenn es um Technik und Qualität geht. Aber nicht so super, wenn wir über Skalierbarkeit, Digitalisierung und Prozesse sprechen. Das, was ihnen fehlt, können wiederum wir richtig gut. Unsere Idee war, diese Kräfte zu bündeln: So könnten wir – 1KOMMA5° und die Handwerksbetriebe – gemeinsam unseren Kunden einheitliche und integrierte Lösungen aus einer Hand anbieten, von der Erstberatung, Installation und Inbetriebnahme bis hin zum langjährigen Service.

Einige, die bei 1KOMMA5° starteten, waren zuvor bei Herstellern von Hardware tätig und haben dort oftmals wahnsinnig durchoptimierte Fertigungen von Solarmodulen oder Leistungselektronik erlebt: die perfekte Fabrik. Darin riesige Teams von cleveren Ingenieuren, die sich den ganzen Tag damit beschäftigen, wie sie Prozesse in der Produktion noch effizienter gestalten können. Doch der nachgelagerte Teil, bei dem es darum geht, wie diese Komponenten zu einer sinnvollen Gesamtlösung zusammengestellt werden, passiert nicht in der Fabrik. Ein großer Teil der Umsetzung, etwa bei der Planung und Installation von Wärmepumpen, Ladeinfrastruktur und Solaranlagen, findet beim Kunden vor Ort statt – und da wollten wir ansetzen. Um unseren Kunden also eine Lösung aus einer Hand anbieten zu können, begannen wir, Handwerksbetriebe zu akquirieren und zu aggregieren. Wir wollten das Dach sein, unter dem wir ihnen helfen, ihre besonderen Stärken ausspielen zu können: die Marke 1KOMMA5°.

Deshalb ist der Großteil unseres *Fundings* anfangs in Beteiligungen an Handwerksbetrieben geflossen. Aber der Part, an dem alles zusammenkommt, der entspringt eher unserem Selbstverständnis als Software-Company. Unsere Idee war die einer Plattform, die unseren Kunden den Zugang zur saubersten und günstigsten Energie ermöglicht. Die Plattform ist das, was unsere ganze Idee zusammenhält. Sie ist der zentrale Baustein. Gemeinsam mit den Betrieben und unserer Plattform können wir Beratung, Planung und Installation von Klimaschutztechnologie ganzheitlich und in relevanter Größenordnung anbieten. Dieser Plattform haben wir den Namen ›Heartbeat‹ gegeben – weil sie der Herzschlag ist, der unsere ganze Idee am Leben hält.

Innerhalb von weniger als 36 Monaten konnten wir rund 40 Handwerksbetriebe in sieben Ländern dazu bewegen, unser Partner zu werden. Zusätzlich haben wir an mehr als zehn Standorten eigene Locations eröffnet. Nun ist es so, dass die Vielfalt dieser Betriebe unsere Stärke ist. Aber das Potenzial, das darin steckt, mussten wir noch heben – indem wir begannen, Synergien zu schaffen.

Das ist der zweite Schritt des Masterplans, die sogenannte ›Virtual Assembly‹. Bei uns funktioniert das ein wenig wie bei den Mitgliedsstaaten der Europäischen Union: 28 zum Teil sehr verschiedene Länder, die sich unter dem Motto ›Einheit in Vielfalt‹ zusammengeschlossen haben. Wie die EU etablieren wir gewisse Standards, die wir aufeinander abstimmen. Die ausführenden Handwerker sollen nach zentralen Vorgaben agieren. Angefangen haben wir damit, einen gemeinsamen Einkauf der Komponenten und eine einheitliche Software einzuführen. So können wir einlösen, womit wir angetreten waren: über Digitalisierung bei der Skalierung zu helfen.

Wenn wir alle auf die gleiche Software setzen, sparen wir Zeit. Und wenn wir Zeit sparen, sparen wir Geld. Diese Ersparnis können wir an die Kunden weitergeben. Daraus entsteht ein weiterer entscheidender Vorteil unserer Idee: Wenn die Kunden uns vertrauen, tun sie nicht nur das Richtige für die Umwelt, sondern auch für ihr Konto.

Wir möchten dabei unterstützen, immer mehr Häuser zu digitalisieren und all die Komponenten zu elektrifizieren, mit denen unsere Kunden heizen, ihr Auto laden oder dafür sorgen, dass das Licht brennt. Denn selbst in einem Haus, dessen Bewohner schon viele Komponenten installiert haben, die für die Energiewende unerlässlich sind, haben wir noch ein Problem. Sind die Komponenten nicht intelligent vernetzt, agieren sie isoliert in Silos. Anders gesagt: Die Wallbox für das E-Auto weiß nicht, was die Heizung tut, und der Stromzähler tut nichts als Strom zählen. Auch an dieser Stelle geht es um Synergien. Unser Energiemanagement-System macht aus einzelnen Komponenten ein großes Ganzes. Heartbeat kann den Strom, der in einem Haus erzeugt und verbraucht wird, smart verteilen. Und wenn etwas fehlt, kauft Heartbeat automatisiert an der Strombörse ein – und zwar dann, wenn es am günstigsten ist.

Wir glauben, dass Menschen es mögen, wenn sie sich möglichst wenig Gedanken um Dinge machen müssen, die ihnen keinen Spaß machen. Das gilt auch für die Technik in ihrem Eigenheim. Wir wissen natürlich, dass es Menschen gibt, die die technischen Eigenheiten eines Wechselrichters – ein Gerät, das Gleichstrom in Wechselstrom umwandelt – faszinierend finden. Wir gehören ja selbst dazu. Aber wir glauben auch daran, dass es für den Schritt in den Massenmarkt eine niedrigschwellige Lösung geben muss. Und die soll gut aussehen und leicht zu bedienen sein.

Es gibt wenig Schwierigeres, als es dem Kunden leicht zu machen.

Durch unsere Vergangenheit bei Tesla vergleichen wir Energiesysteme oft mit Autos. Auch hier gibt es Menschen, die es spannend finden, wie genau ein BLDC-Motor – ein bürstenloser Gleichstrommotor – ein E-Auto antreibt. Es gibt auch Menschen, die sich leidenschaftlich streiten, welcher Hersteller die besten Bremsen oder Antriebsstränge baut. Auch da: Wir gehören selbst dazu. Aber gleichzeitig gibt es sehr viele Menschen, die auf die Motorhaube schauen und denken: ›Ah, ein Tesla!‹ Sie müssen bloß die Marke erkennen und wissen, das ist ein geiles Stück Technik. Ihre Haltung: ›Das sieht gut aus, ist leicht zu bedienen und, ganz ehrlich, das ist alles, was ich wissen muss.‹

Wenn wir unseren Anspruch einlösen möchten, auf ähnliche Art eine Energieplattform für den Massenmarkt zu etablieren, möchten wir, dass die Leute unsere Marke genauso wahrnehmen: ›Ah, Heartbeat von 1KOMMA5°!‹ Sie sollen die Marke erkennen und wissen: ›Das sieht gut aus, ist leicht zu bedienen, ich muss mich um so wenig kümmern wie nötig – und all das spart mir auch noch Geld.‹

Bloß gibt es wenig Schwierigeres, als es dem Kunden leicht zu machen. Was ich damit in unserem Fall meine: All die Signale, die die Komponenten eines Hauses senden, ergeben ein wahnsinnig komplexes Neben- und Durcheinander, das durch die Anbindung der Eigenheime an den Strommarkt noch verstärkt wird. Nehmen wir ein simples Beispiel: den Stromzähler. Es gibt längst Apps, die technisch brillant sind und sehr zuverlässig anzeigen, wie Kilowattstunden von A nach B fließen. Aber mal ehrlich: Die zu bedienen macht keinen sonderlich großen Spaß – muss es auch nicht. Wenn eine App nur eine Funktion hat, in diesem Fall Stromzählen, ist es unnötig, sie zu überfrachten. Sie ist perfekt für das, was sie leisten soll.

Wir aber bilden in der App zu Heartbeat ein ganzes Energiemanagement-System mit Strommarktanbindung ab. Weil das enorm komplex ist, stellt uns das vor zwei Herausforderungen.

Erstens: Das Backend muss funktionieren. Die App darf weder abstürzen noch überfordert sein. Deshalb haben wir intern eine enorme Entwicklungskapazität. Für die Energiebranche haben wir hier eine richtige Armee an Entwicklern, das sind aktuell über 200 Leute.

Zweitens: Das Frontend muss einfach bleiben. Dafür haben wir uns inspirieren lassen. Denn: Komplexe technische Abläufe so einfach darzustellen, dass es einfach ist und sogar Spaß macht, sie zu bedienen, das funktioniert wohl nirgends so gut wie bei Videospielen. Deshalb sind wir total glücklich, dass wir einen talentierten Kollegen aus der Gamingbranche abwerben konnten, um unser Product Owner für die App zu werden.

Gamification – dieser Ansatz kommt der Natur des Menschen entgegen. Wir sind spielerische Wesen. Deshalb möchten wir, dass die Menschen in unserer App etwas erleben. Sie sollen nicht nur reinschauen, wenn etwas hakt. Sie sollen nicht pflichtbewusst prüfen müssen, ob alles in Ordnung ist. Das muss selbstverständlich sein. Wir möchten ihnen einen Anreiz geben, dass sie jeden Tag gern in die App gucken. Im besten Fall sollen sie Heartbeat mit ihren Freunden digital oder mit Nachbarn in der persönlichen Interaktion teilen. Wenn wir die Menschen nicht nur rational, sondern auch emotional überzeugen, wenn sie Freude haben an etwas, das im Grunde wenig Spaß macht (ich meine, wie aufregend ist denn normalerweise Stromsparen?) – dann haben wir gewonnen.

Die Sonne schreibt keine Rechnung.

Der dritte Schritt unseres Masterplans ist es, alle Haushalte zu einem dezentralen Kraftwerk zu verknüpfen, das ausschließlich von nachhaltigen Energien gespeist wird – Energien wie die Sonne für die eigene Solaranlage oder Windstrom, der über die Anbindung an den Strommarkt bezogen werden kann.

Das ist der Part, bei dem es bei mir besonders kribbelt. Nicht nur kann jeder individuell sein 1,5-Grad-Ziel erreichen, sondern gemeinsam leisten wir einen echten Beitrag zur Energiewende.

Ein besonders hartnäckiger Gegner ist das über lange Zeit gewachsene Gedankenkonstrukt, wie wir Menschen Energie denken. Wir haben in den vergangenen rund zweihundert Jahren seit der Industrialisierung verinnerlicht, dass Strom aus Kohle, Gas und Öl kommt. Diese Denke hält sich extrem hartnäckig in den Köpfen. ›Erneuerbare Energien‹, das klingt für viele noch immer total neu und experimentell. Wie ein schöner Traum. Aber viel zu teuer und wettbewerbsfähig nur, wenn wir sie stark subventionieren. Das ist aber einfach Quatsch: Solarenergie ist die günstigste Energiequelle von allen!

Das fängt schon damit an, dass die Sonne keine Rechnung schreibt. Sie scheint kostenlos. Wir müssen sie nicht aus tiefen

Löchern buddeln und keine kilometerlangen Pipelines für sie bauen. Im Gegensatz zu etwa Öl kommt Sonne in Deutschland ganz natürlich vor. Für sie brauchen wir keine Energiepartnerschaften mit fragwürdigen Staaten zu schließen. Die Sonne scheint für alle gleich, mal abgesehen vom jeweiligen Breitengrad vielleicht. Solarenergie ist also nicht nur ökonomisch gesehen das Richtige, sondern auch moralisch. Jeder kann, mit etwas Hilfe, ein paar Solarpanels auf Dächer schrauben und loslegen.

Und das Tollste ist: Je mehr erneuerbarer Strom im Netz ist, desto günstiger ist er. Das ist einfach ein geiler Zusammenhang: Sauber ist gleich günstig. Wenn mehr Wind- und Sonnenenergie im System ist, fallen die Strompreise schon heute – und zwar mehrmals im Monat ins Negative. Nur wie gesagt: Es ist gar nicht so leicht, das den Menschen zu vermitteln. Weil wir so lange damit aufgewachsen sind, dass unsere Energie aus Zechen und Gaskraftwerken, aus Öl und Kohle stammt, inklusive Festpreis.

Was ist cooler, als dabei zu helfen, die Welt zu retten?

Auch deshalb sehen wir es als unsere Aufgabe, Bildungsarbeit zugunsten erneuerbarer Energie zu leisten. Wir möchten unsere potenziellen Kunden mitnehmen auf eine Reise, an deren Ende vielleicht eine neue Erkenntnis steht. Ein neues Gedankenkonstrukt. Dass ein smartes Zuhause, das vollkommen nachhaltig geheizt und mit Strom versorgt wird, so etwas wie das Statussymbol der Zukunft sein könnte. Ich meine, was ist cooler, als aktiv dabei zu helfen, die Welt zu retten?

Das ist auch der Grund, weshalb wir verschiedene Showrooms in Deutschland eröffnet haben. Bisher war es so, dass die Customer Journey vom ersten Beratungsgespräch zum Thema bis zum smarten Zuhause völlig fragmentiert war. Dazwischen lagen viel Recherche und Besuche bei verschiedenen Betrieben, die großartige Lösungen anbieten, aber häufig in lieblosen Räumlichkeiten mit verstaubten Broschüren und abgestandenem Filterkaffee um Kunden werben. Es fühlte sich an wie Arbeit, nicht wie Spaß. Wir können beiden Seiten all diese Hindernisse abnehmen, indem wir ihnen eine schön erzählte und einfach zu bewältigende Customer Journey bieten. Beratung, Planung, Umsetzung – alles aus einer Hand.

Wir streben einen Stilwechsel an. Energie, aber sexy erzählt. Wenn es uns gelingt, 1KOMMA5° als attraktive Marke zu etablieren, wird das auch unseren Handwerksmeistern helfen, Auszubildende zu finden und zusätzlich Fachkräfte zu halten. Weil sie gern und mit Stolz für uns arbeiten. Weil sie an unsere Vision glauben.

Wir denken langfristig. Das liegt einerseits in der Natur der Sache, wenn wir uns der Nachhaltigkeit verschreiben. Und es liegt daran, dass die Energiewende nicht von jetzt auf gleich zu schaffen ist. Sie ist eine Generationenaufgabe für Gründende von heute und morgen. Und nebenbei hat es auch ganz praktische Gründe, langfristig zu denken.

Die Produkte, mit denen wir arbeiten, haben eine enorm lange Nutzungsdauer. Eine Photovoltaikanlage kann auch mal gut drei Jahrzehnte auf einem Dach installiert sein und Strom erzeugen. Diese dreißig Jahre über wollen wir den Kunden begleiten. Sei es bei der Wartung dessen, was er schon hat. Oder beim Ergänzen dessen, was er noch brauchen könnte. Wer schon eine Photovoltaikanlage von uns hat, dem implementieren wir gern auch die Wärmepumpe oder den Batteriespeicher. Und wer weiß, vielleicht kommen eines Tages auch smarte Spülmaschinen oder Klimaanlagen von uns dazu. Optimierungsdienstleistungen können Kunden schon heute digital dazubuchen. Unsere Vorstellungskraft kennt da wenig Grenzen. Angesichts des Klimawandels, dieser gigantischen Herausforderung, müssen wir groß denken und umgehend beginnen, etwas zu ändern. Alles andere wäre einfach nur wahnsinnig.

Nachwort
Axel Täubert

Selbst nach mehrfachem Lesen bin ich stets aufs Neue von diesen zehn inspirierenden Founders' Stories beeindruckt. Für mich sind sie ein wahrer Fundus an praktischen Tipps von erfolgreichen Gründerinnen und Gründern für alle, die sich selbst auf diesen Weg machen. Gleichzeitig handelt es sich um sehr persönliche und ehrliche Erzählungen über begangene Fehler sowie Geschichten des Scheiterns – was zeigt, dass dies nun mal Teil des Geschäftsmodells ist. So sollten Gründende nicht danach streben, Fehler zu vermeiden, sondern sich bewusst machen, dass sie aus jedem einzelnen etwas lernen können. Um diese zehn Erfolgsgeschichten zusammentragen zu können, waren rein rechnerisch 90 weitere *Start-ups* erfolglos.[1] Und trotzdem würden neun von

---

1 Global Start-up Ecosystem Report 2024, Startup Genome.

zehn deutschen Founders hierzulande wieder gründen, was auch für den Standort spricht.[2] Und das, obwohl wir uns in Deutschland immer noch schwertun mit dem Thema Scheitern. Christian Lindner hat es in einer Rede im nordrhein-westfälischen Landtag einmal recht treffend formuliert:

> »Wenn man Erfolg hat, gerät man in das Visier der sozialdemokratischen Umverteiler, und wenn man scheitert, ist man sich Spott und Häme sicher.« *Christian Lindner*

Ich bin weder Fanboy unseres aktuellen Finanzministers noch Mitglied der FDP, aber ich muss ihm Recht geben. Was macht so eine Aussicht mit einem gründungswilligen jungen Menschen? Zumal Inflation und Zinsentwicklung die Stimmung weiter eingetrübt haben. Nicht zuletzt der Ukrainekrieg und der aufgeflammte Nahostkonflikt sorgen für zusätzliche Verunsicherung und machen die Vorhersage der Geschäftsentwicklung zunehmend schwerer.

Daher appelliere ich an die Regierung, für Rahmenbedingungen zu sorgen, die zum Gründen ermutigen. Dazu gehören auch Gesetzgebungen, die es dem Kapital leichter machen, in deutsche *Start-ups* zu investieren. Beispielsweise brauchen wir dringend eine neue Regulierung für Versicherungen und Rentenfonds, die es diesen erlaubt, einen größeren Teil ihrer Gelder in dieser Assetklasse zu allokieren. Frankreich hat es uns vorgemacht und verpflichtet staatliche Finanzdienstleister mittlerweile zu einem Mindestanteil für diese Art der Geldanlage. Later-Stage-Finanzierung deutscher *Start-ups* stammt immer noch zu 50 Prozent aus den USA. Dort ansässige Investoren suchen sich bei uns die Nuggets heraus, animieren die Gründenden nicht selten, ihren Firmensitz

---

2 Deutscher Startup Monitor 2023, Bundesverband deutsche Startups e.V.

nach Delaware oder in sonstige Inlandssteueroasen zu verlagern – und schon ist unsere mühsam erarbeitete und zum Teil staatlich geförderte *Intellectual Property* (*IP*) weg. Bei der Conversion von Grundlagenforschung an den Max-Planck- und Fraunhofer-Instituten in wertschöpfende Unternehmen haben wir Nachholbedarf. Zwar ist die Mehrzahl der statistisch messbaren Outputindikatoren für Forschung und Entwicklung im internationalen Vergleich stabil, aber gerade Indikatoren wie Innovatorenquote und Gründungsrate sind vergleichsweise niedrig. Nur bei der Anzahl der wissenschaftlichen Publikationen und angemeldeten Patente pro Million Einwohner sind wir Weltklasse.[3]

Deutsche Erfindungen – wie das MP3-Format des Fraunhofer-Instituts, selbstfahrende Autos der Bundeswehr-Universität oder die Digitalkamera von Kodak – sind in anderen Teilen der Welt dankbar aufgegriffen worden und dienten dort als Grundlage für *Businessmodelle*, die jedes Jahr Milliarden abwerfen. Wir müssen also besser werden beim sogenannten *Productizing* unserer Ideen.

Auch direkte Finanzierung durch Zukunftsfonds, steuerliche Anreize für Investoren oder die Förderung von Ecosystem-Hotspots wie Berlin, München und jüngst Heilbronn wären adäquate Mittel, den Standort zu stärken. An Letzteren treffen ausgezeichnete Hochschulen, gut ausgebildete Gründende, erfahrene *Business Angels* sowie *Venture-Capital* aufeinander und bilden gemeinsam den Nährboden für erfolgreiche *Start-ups*. Von diesen erhalten über die Hälfte Unterstützung aus Universitäten und angeschlossenen Inkubatoren, die sie auch ein zweites Mal in Anspruch nehmen würden. Das zeigt, wie wichtig diese Programme sind. Und trotzdem rangiert Berlin als *Start-up*-Hotspot im weltweiten Vergleich nur auf Position 13 und ist damit seit 2019 um drei Plätze zurückgefallen.[4]

---

3 Bundesbericht Forschung und Innovation 2022, BMBF.
4 Global Start-up Ecosystem Report 2024, Startup Genome.

Ich selbst bin Mentor bei Campus Founders in Heilbronn sowie *Business Angel* bei XPRENEURS, dem Early Stage *Incubator* des UnternehmerTUMs in München. An beiden Standorten werden *Start-ups* mittels Mentoring und Finanzierung unterstützt und erfolgreicher gemacht. Mit einer überdurchschnittlichen *Survival-Rate* sind diese *Incubator* Musterbeispiele für ein funktionierendes Ökosystem. Ähnliche Hubs gibt es auch in anderen Großstädten, sei es Merantix in Berlin oder das SpinLab in Leipzig, aber auch zunehmend an kleineren Standorten wie beispielsweise Bielefeld, der Stadt, die es angeblich nicht gibt. Anders als in England oder Frankreich war eine der Stärken Deutschlands immer die Dezentralität mit mehr als einem Wirtschaftszentrum und zahlreichen Hidden Champions selbst in den entlegensten Gebieten wie der Schwäbischen Alb. Auch wenn wir uns diesen Vorteil der strukturstarken Provinz erhalten sollten, bin ich davon überzeugt, dass funktionierende *Start-up*-Ökosysteme nicht in unbegrenzter Zahl entstehen können. Dafür müssen zu viele Dinge gleichzeitig zusammenkommen. Selbst eine starke Volkswirtschaft wie Deutschland kann langfristig wohl nicht mehr als drei bis vier dieser Exzellenz-Hotspots unterhalten. Doch ein gesunder Wettbewerb zwischen den Standorten schadet mit Sicherheit nicht. Wo, wenn nicht in der Welt der *Start-ups*, sollte das allen Beteiligten inklusive der Gründenden selbst klar sein?

Mit ihrem Mut und ihrer Bereitschaft, Neues zu wagen, sind Founder wie Jannik Schall von 1KOMMA5° oder Daniel Krauss von FlixBus Vorreiter der digitalen und ökologischen Transformation der emissionsstärksten Sektoren Verkehr, Energie und Gebäude. Existierenden Unternehmen weist Lubomila Jordanova mithilfe der Plattform von Plan A den Weg Richtung Dekarbonisierung.

Aber auch bei der Digitalisierung von Verwaltung und Behörden können *Start-ups* entscheidende Impulse setzen. Konzepte wie das der Digital Product School des UnternehmerTUMs in

München sind hervorragende Beispiele dafür, wie agile *Start-ups* Prozesse und Produkte für Corporates und städtische Stellen entwickeln können.

Warum nicht sogar einen Schritt weiter gehen und hoheitliche Aufgaben von Ämtern in Gänze durch *Start-ups* abwickeln lassen und die vorhandenen Strukturen sukzessive durch sie ersetzen?

Vanessa Cann hat in ihrem bemerkenswerten Beitrag zu nyonic das Innovator's Dilemma thematisiert. Kaum eine andere Gründerin kennt die Abläufe innerhalb der Politik besser als sie. Laut ihr stecken nicht nur deutsche Konzerne in diesem Dilemma, sondern auch unsere Behörden. Ein Prozess der kreativen Zerstörung ist dort längst überfällig. Doch wer schafft sich schon gern selbst ab?

Der aktuelle Ansatz der Regierung, vorhandene Verfahren krampfhaft zu digitalisieren, dauert länger, funktioniert selten und sorgt hauptsächlich dafür, dass die beauftragten Unternehmensberatungen Milliarden vom Staat kassieren. Eine schicke Onlinemaske über einen Offlineprozess zu legen, greift da zu kurz. Was nützt es, wenn man seinen BAföG-Antrag zwar digital stellen kann, er zur Bearbeitung in der Behörde jedoch ausgedruckt wird?

Die Founder's Story von FlixBus zeigt, dass staatliche Monopole sehr wohl von privatwirtschaftlichen Unternehmen übernommen werden können und dabei sogar bessere Angebote für den Bürger entstehen. Nichts anderes hat die NASA mit der Finanzierung von SpaceX gemacht. Wenn man mit *Start-ups* Menschen ins Weltall schießen kann, dann wird man sie ja wohl auch einen BAföG-Antrag abwickeln lassen können – ist ja schließlich keine Rocket Science. Dadurch würden wir die Verwaltung schlanker, leistungsfähiger und billiger machen und gleichzeitig mehr Menschen in sozialversicherungspflichtige Berufe bringen, die in die Rente einzahlen, statt im Alter eine steuerfinanzierte Pension zu beziehen.

Jüngst hat die Regierung ein Gesetz zum Bürokratieabbau vorgestellt, das zum Abschluss von Verträgen auch die Textform statt der Schriftform erlaubt. Allein diese Differenzierung zeigt, dass das Gesetz noch vor Veröffentlichung überholt ist, denn für die jüngere Generation ist diese Unterscheidung gar nicht nachvollziehbar. Sie bedeutet, dass künftig zum Beispiel Arbeitsverträge per E-Mail geschlossen werden können. Das ist ein Schritt in die richtige Richtung, aber ich hatte meine erste T-Online-Adresse 1996 und selbst Boris Becker war schon 1999 ›drin‹. Die Einführung der digitalen Gerichtsakte hat ebenfalls weit über 20 Jahre gedauert und wurde immer wieder von Bedenkenträgern verzögert und wegdiskutiert. Das von Mischa Rürup angesprochene Jabern findet nämlich vor allem in der Politik statt. Auch wenn usercentrics von der Gesetzgebung aus Deutschland profitiert hat, können wir uns nicht damit zufriedengeben, immer nur die Innovationen anderer zu regulieren. Wenn wir unser Land weiterhin mit diesem Tempo digitalisieren, dann wird uns das Faxgerät noch lange begleiten. Immerhin nutzten das im Jahr 2022 noch über 40 Prozent der Unternehmen hierzulande. Niclas Vogt vom Bundesverband Deutsche Startups e.V. hat es auf einem Founder's Story Live-Event treffend formuliert:

> »Wir Deutschen sind besonders gut darin, darauf hinzuweisen, was nicht funktioniert.« *Niclas Vogt*

Ein weiteres Gebiet, auf dem wir besser werden können, nein müssen, ist der Anteil an weiblichen Gründenden. Dieser stagniert seit langem bei etwa 20 Prozent, obwohl die Quote bei sonstigen Entrepreneuren bei 42 Prozent liegt.[5] Das bedeutet, dass bei *Start-ups* eine wichtige Perspektive häufig fehlt – sei es bei der Entwicklung des *Businessmodells* oder beim Hiring. In *Start-ups* mit rein männ-

---

5   Female Founder Monitor 2022, Bundesverband deutsche Startups e.V.

lichen Gründerteams liegt die Frauenquote in den Führungseta-
gen bei lediglich 14 Prozent, bei diversen Foundern hingegen bei
40 Prozent. Durch dieses Ungleichgewicht entsteht zusätzlich ein
eklatanter Gender-Gap bei *Business Angels*. Nicht viel besser sieht es
bei den Mitarbeitenden von *VCs* aus. Das sorgt wiederum für einen
Gender-Bias bei Investoren, die vermehrt in männliche Gründende
investieren – im Jahre 2022 immerhin neunmal so viel! Diese Zahl
bestätigt das Gefühl von 84 Prozent der Gründerinnen, dass die *Due
Diligence* bei ihren *Start-ups* kritischer abläuft.[6] Ein Teufelskreis, den
es zu durchbrechen gilt. Unter anderem der *VC* AUXXO versucht
genau dies, indem er ausschließlich *Start-ups* mit zumindest einer
Co-Founderin Finanzierungen angedeihen lässt.

Plattformen wie FeMentor von Anastasia Barner können dabei
helfen, dass sich junge Frauen mit weiblichen Vorbildern vernetzen, die sie darin bestärken und unterstützen zu gründen. Auch
wenn Mina Saidze gebootstrappt gegründet hat, zeigt ihre Founder's Story doch umso mehr, welch wichtige Stimme an ihr verloren gegangen wäre. Spätestens seit der Erfolgsgeschichte der beiden
Gründer Uğur Şahin und Özlem Türeci von BioNTech sollte auch
dem Letzten klar sein, dass Zuwanderung, egal ob in der ersten
oder zweiten Generation, für unsere Gesellschaft ein Gewinn ist.
Denn beim Geschlecht allein hört Diversity nicht auf. Verschiedene Hintergründe, Ausbildungen und Lebenswege tragen mindestens genauso zu komplementären Gründerteams bei. Das zeigt die
Founder's Story von Sievert Weiss, der nicht nur durch seinen Vor-
namen, sondern auch seinen Studiengang aus dem Rahmen fällt,
besonders eindrücklich. Gründende mit naturwissenschaftlichem
Abschluss können eine echte Bereicherung für Gründerteams sein
und im Zweifel überhaupt erst die notwendige Expertise für Deep-
Tech- oder HealthTech-*Start-ups* mitbringen. Gepaart mit inter-
disziplinärem Austausch und dem Verständnis für digitales Pro-

---

6 Ebenda.

duktmanagement, wie es an der CODE University von Thomas Bachem gelehrt wird, können so wirklich innovative Ideen entstehen und umgesetzt werden.

»Ich habe in meiner Karriere mehr als 9.000 Mal daneben geworfen und knapp 300 Spiele verloren. 26 Mal wurde mir der spielentscheidende Wurf anvertraut und ich habe ihn verfehlt. Ich bin in meinem Leben immer und immer wieder gescheitert. Und deshalb war ich erfolgreich.« *Michael Jordan*

Zusammengenommen existieren in Deutschland bereits sämtliche Zutaten für von Erfolg gekrönte Founder, die mit ihren *Start-ups* die Welt verändern oder zumindest die nächste Generation deutscher Weltkonzerne aufbauen können. Es ist an uns, sie dazu zu ermutigen und sie daran zu erinnern: Beim Gründen verliert man nie. Entweder man ist erfolgreich oder man lernt etwas hinzu.

Glossar

Acqui-Hire: Übernahme eines Unternehmens mit dem Ziel, dessen Mitarbeitende zu rekrutieren und nicht dessen Produkte, Dienstleistungen oder Kunden.

AdSense: Onlinedienst von Google, der Werbung passend zum Content und den Usern auf Websites Dritter ausspielt.

AdWords: Zentrales Werbeprodukt von Google, bei dem Werbetreibende auf Suchwörter bieten, neben deren Suchergebnissen Textanzeigen eingeblendet werden sollen.

Annual Runrate: Summe der monatlichen Umsätze eines ganzen Jahres geteilt durch Einnahmen von Kunden, die diese auf wiederkehrender Basis bezahlen.

ARPU: (→ Average Revenue per User)

Average Revenue per User: (Durchschnittlicher Umsatz pro User) Beschreibt den Wert, den ein Unternehmen mit einem Kunden im Durchschnitt erzielt.

B2B: (→ Business-to-Business)

B2C: (→ Business-to-Consumer)

Bid-Management: (Biet-Management) System zur Automatisierung der AdWords-Auktion.

Bootstrappt: Gängiger Begriff für die Finanzierung von (→) Start-ups ohne Fremdkapital. Mit derart begrenztem Budget müssen Gründende daher das operative Geschäft möglichst früh auf einen positiven Cashflow trimmen, um den (→) Break-even zu erreichen. Das kann zwar schnelles Wachstum erschweren und einen Nachteil gegenüber Konkurrenten darstellen, sorgt jedoch für effizienteres Wirtschaften.

Break-even: (Gewinnschwelle) Punkt, an dem die Umsatzerlöse eines (→) Start-ups genauso hoch sind wie dessen Gesamtkosten. Zusätzliche Umsätze sorgen ab dem Erreichen dieses Punktes für Gewinne.

Burn-Rate: (Verbrennungsrate) Bezeichnet den negativen Cashflow eines (→) Start-ups und wie lange es noch dauert, bis ihm die Geldreserven ausgehen.

Business Angel: (Unternehmensengel) Person, die (→) Start-ups nicht nur mit Kapital ausstattet, sondern sie zusätzlich mit ihrer Erfahrung und ihrem Netzwerk unterstützt.

Businessmodell: (Geschäftsmodell) Beschreibt die Art und Weise, wie ein (→) Start-up plant, Umsätze zu generieren und Gewinne zu erwirtschaften.

Businessplan: (Geschäftsplan) Umfangreiches Dokuments oder Präsentation, die das (→) Businessmodell des (→) Start-ups sowie die damit einhergehenden Chancen und Risiken beschreibt. Außerdem enthalten sind Prognosen für die Geschäftsentwicklung, Pläne für die Produktentwicklung, die Forschung und die Finanzen.

Business-to-Business: Bezeichnet ein (→) Businessmodell, bei dem ein Unternehmen seine Waren oder Dienstleistungen Firmenkunden anbietet.

Business-to-Consumer: Geschäftsmodell, bei dem ein Unternehmen seine Produkte oder Services an Konsumierende verkauft.

CAC: (→ Customer Acquisition Cost)

Cap-Table: Eine Tabelle zur Aufschlüsselung der Eigentumsverhältnisse eines (→) Start-ups. Ein wichtiges Dokument, das sowohl Gründenden als auch Investoren bei weiteren Finanzierungsrunden hilft, den Überblick über die Verteilung der Anteile zu behalten.

Channel-Sales: Indirekter Vertrieb mithilfe von Partnern, die Produkte, Dienstleistungen oder Technologien des Unternehmens vermarkten und verkaufen.

ChatGPT: AI-Chatbot von OpenAI auf Basis des Sprachmodells namens GPT.

Chief Technology Officer: Funktion innerhalb des Managements eines Unternehmens, die für die technische Ausstattung, vor allem im Bereich der IT, verantwortlich ist.

Churn: (Abwanderung) Bezeichnet den Verlust von Bestandskunden und ist ein entscheidender Wert für das Wachstum eines (→) Start-ups. Ist der Churn hoch, muss das Unternehmen entsprechend viele Neukunden gewinnen, um diesen zu kompensieren.

CTO: (→ Chief Technology Officer)

Co-Founder: (Co-Gründer) Mitglied des Gründerteams, sofern ein (→) Start-up von mehr als einer Person gegründet wurde.

Company Builder: eine Spezialform von (→) Venture-Capital Fonds, die anders als reine Risikokapitalgeber, (→) Incubator und Accelerator einen wesentlich größeren Einfluss auf die Entwicklung, Vermarktung und Skalierung der Unternehmen ihres Portfolios ausüben.

Consent: (Zustimmung) Im Zusammenhang mit der DSGVO gängiger Begriff für die Einwilligung des Users zur Speicherung seiner Daten.

Cookie: Kurzer Textschnipsel, den Websites an den Browser des Users übergeben, um ihn dort zu speichern. Darin enthalten sind meist Informationen über den User zur Personalisierung von Inhalten oder sie dienen dem Tracking des Userverhaltens – zum Teil außerhalb der ursprünglichen Website.

Corporate Partnership: Form der Zusammenarbeit zwischen einem (→) Start-up und einem Unternehmen, bei der es darum geht, Wissen und Ressourcen zu teilen, um zum Beispiel gemeinsam ein neues Produkt zu entwickeln.

Customer Acquisition Cost: (Kundenakquisekosten) Berechnet sich aus der Summe sämtlicher Kosten in Marketing und Vertrieb, die der Akquise von Neukunden zugerechnet werden können, geteilt durch die Anzahl neu gewonnener Kunden.

Customer Journey Tracking: Beschreibt die Aufzeichnung und Auswertung der Navigation eines Users auf einer Website.

Customer Life Cycle: (Kunden-Lebenszyklus) Beschreibt die Schritte, die ein Kunde durchläuft ab dem Zeitpunkt, ab dem er ein Produkt oder eine Dienstleistung in Betracht zieht, kauft, nutzt und ihm über längere Zeit treu bleibt.

Data Room: (Datenraum) Früher ein physischer Raum mit strikten Zugangsbeschränkungen, in dem die Unternehmensdaten für potenzielle Käufer eines Unternehmens zur Verfügung gestellt wurden. Heutzutage ist dieser Datenraum digital und lediglich virtuell betretbar.

Due Diligence: (Gebührende Sorgfalt) Prüfprozess im Rahmen eines Investments, bei dem Stärken, Schwächen, Chancen und Risiken sowie grundlegende Wirtschaftsdaten analysiert werden.

Early Stage: (Frühe Phase) (→) Start-up kurz nach der Gründung, das noch Prototypen entwickelt, am (→) Proof of Concept arbeitet oder erst wenige Pilotkunden hat.

Earn-out-Klausel: Klausel im Kaufvertrag, die regelt, dass ein Teil des Kaufpreises erst zu einem späteren Zeitpunkt und erfolgsabhängig an die Gründenden ausgezahlt wird.

EdTech: (Bildungstechnologie) Segment der (→) Start-ups, die Software und Hardware für den Einsatz im pädagogischen Bereich entwickeln.

Employer Branding: (Arbeitgeber-Markenbildung) Spezialform des Marketings, bei dem ein Unternehmen sich nach außen als attraktiver Arbeitgeber darstellt, um sich von Wettbewerbern positiv abzuheben.

Exit: (Ausgang) Finanzielles Endziel von Geldgebenden und Gründenden, bei dem ein (→) Start-up an die Börse gebracht oder an einen strategischen Investor verkauft wird.

Funding: (Finanzierung) Ausstattung eines (→) Start-ups mit Kapital, um Anfangskosten zu decken, die nicht durch das operative Geschäft erwirtschaftet werden.

geraist: (→ raisen)

Hockeystick: (Hockeyschläger) Diagramm, einem liegenden Hockeyschläger ähnelnd, bei dem die Kelle nach oben zeigt. Dabei verläuft der Graph zunächst relativ flach und steigt am Ende steil an. Geht zurück auf eine wissenschaftliche Untersuchung zur globalen Erwärmung.

Incubator: Organisationen, die (→) Early-Stage (→) Start-ups Hilfe bei der Entwicklung ihrer Geschäftsideen, des (→) Businessplans und des (→) Product-Market-Fit bieten.

Initial Public Offering: (Börsengang) Prozess, bei dem Anteile eines Unternehmens in Aktien umgewandelt und das erste Mal der Öffentlichkeit zum Kauf angeboten werden.

Intellectual Property: (Geistiges Eigentum) Recht an einem immateriellen Gut, etwa einem Kunstwerk oder einer technischen Erfindung.

Investment Principles: (Investitionsprinzipien) Regelwerk bei (→) Venture-Capital-Unternehmen, auf deren Basis sie ihre Investitionsentscheidungen treffen. Dies können geografische Einschränkungen, ausgewählte Branchen oder Businessmodelle sein.

IPO: (→ Initial Public Offering)

KI: (→ Künstliche Intelligenz)

Künstliche Intelligenz: Spezialdisziplin der Informatik, die es Computern ermöglicht, menschliche Fähigkeiten wie logisches Denken, Lernen und Kreativität zu imitieren.

Large Language Model: Zeichnet sich durch seine Fähigkeit zur Generierung von Sprache aus. Diese erwirbt es durch das Erlernen statistischer Beziehungen in Textdokumenten während eines rechenintensiven Trainingsprozesses.

Limited Partner: (Kommanditist) Gesellschafter mit begrenzter Haftung und ohne aktive Rolle im täglichen Geschäft des Unternehmens. Im Falle von (→) VCs sind dies häufig vermögende Einzelpersonen oder institutionelle Investierende wie Versicherungen und Fonds.

LLM: (→ Large Language Model)

LPs: (→ Limited Partners)

Magic-Quadrant: (Magischer Quadrant) Gängige Darstellungsform des Wettbewerberumfelds eines (→) Start-ups, bei dem in die vier Bereiche Nischenanbieter, Visionäre, Herausforderer und Anführer unterschieden wird.

Marge: Auch Gewinnspanne genannt. Die Differenz zwischen Aufwand und Erlös für eine Dienstleistung oder ein Produkt.

Minimum Viable Product: Version eines Produkts mit ausreichendem Funktionsumfang. Wird vor allem von frühen Kunden, sogenannten Early Adopters, genutzt, um anschließend Feedback für die zukünftige Produktentwicklung zu geben.

Monthly-Recurring-Revenue: (Sich monatlich wiederholender Umsatz) Bezeichnet die regelmäßigen Einnahmen eines (→) Start-ups, die sich zum Beispiel aus Abos speisen und somit wiederkehrend sind.

MRR: (→ Monthly-Recurring-Revenue)

Multiple: (Vielfache) Bezugsgröße, die auf Basis unterschiedlicher Kennzahlen wie Umsatz oder Gewinn gebildet und zur Bewertung eines (→) Start-ups verwendet wird.

MVP: (→ Minimum Viable Product)

NDA: (→ Non-Disclosure-Agreement)

Non-Disclosure-Agreement: (Vertraulichkeitsvereinbarung) Vertrag, der das Stillschweigen über Geschäftsgeheimnisse oder Verhandlungen und deren Inhalt festschreibt.

Paretoprinzip: Regel, die besagt, dass 80 Prozent des Ergebnisses mit 20 Prozent des Aufwands erreicht werden. Die verbleibenden 20 Prozent erfordern mit 80 Prozent des Gesamtaufwandes die meiste Arbeit.

Pivot: (Drehpunkt) Veränderung des Geschäftsmodells oder der Strategie eines (→) Start-ups, nachdem die ursprüngliche Idee gescheitert ist beziehungsweise sich als nicht aussichtsreich genug herausgestellt hat.

Power-Grid: (Powertabelle) Tabelle mit Wettbewerbern auf der horizontalen und Differenzierungsmerkmalen auf der vertikalen Achse. Das eigene Unternehmen wird hierbei zumeist mit den meisten Häkchen dargestellt, während Wettbewerber Lücken aufweisen.

Private Equity: Kapitalbeteiligungen an einem privaten Unternehmen, das der Öffentlichkeit keine Aktien anbietet. (→) Private Equity wird stattdessen von spezialisierten Investmentfonds und (→) Limited Partners angeboten, die eine aktive Rolle bei der Führung und Strukturierung der Unternehmen einnehmen. Im alltäglichen Sprachgebrauch kann sich (→) Private Equity auf diese Investmentfirmen und nicht auf die Finanzierungsform beziehen.

Product-Market-Fit: (Produkt-Markt-Fit) Misst, wie gut ein Produkt oder Service zur Nachfrage der Kundschaft passt.

Productizing: Prozess der Entwicklung einer Idee, einer Fertigkeit oder einer Dienstleistung hin zu einem standardisierten, vollständig getesteten, verpackten und vermarktbaren Produkt.

Programmatic Advertising: (Programmatische Werbung) Begriff aus dem Onlinemarketing, der die vollautomatisierte Ausspielung von Bannerwerbung in Echtzeit beschreibt.

Proof of Concept: (Beweis) Belegt die grundsätzliche Machbarkeit einer Idee oder des (→) Businessmodells eines (→) Start-ups.

Pull-Marketing: Richtet sich an die Zielgruppe eines Produkts oder Services, die nicht mit dem Käufer identisch ist, um die Kaufentscheidung indirekt zu beeinflussen. Ein typisches Beispiel sind Werbebotschaften an Kinder, die daraufhin ihre Eltern zum Kauf animieren.

raisen: (Sammeln) Prozess des Werbens um Investierende und das Einsammeln von frischem Fremdkapital im Rahmen einer Finanzierungsrunde.

Red Ocean: (Roter Ozean) Begriff für einen Markt, in dem Konkurrenten versuchen, einander Marktanteil abzunehmen. Der mörderische Wettbewerb sorgt dafür, dass nicht alle Marktteilnehmenden überleben und sich der Ozean blutrot färbt wie z. B. bei der Thunfischjagd.

Return on Investment: (Kapitalrendite) Verhältnis zwischen Gewinn und eingesetztem Kapitals eines (→) Start-ups und wichtiger Gradmesser für den Erfolg eines Unternehmens aus Sicht der Investierenden.

ROI: (→ Return on Investment)

Runrate: (Umsatzrate) Gibt an, wie hoch der Umsatz eines Unternehmens wäre, wenn sich der bisherige Trend fortsetzt. Meist wird dabei die sogenannte (→ Annual Runrate auf Basis der letzten drei bis sechs Monate extrapoliert.

Runway: (Startbahn) Zeitraum, in dem das (→) Start-up über ausreichend Kapital verfügt, um den Geschäftsbetrieb aufrechtzuerhalten. Am Ende dieser finanziellen Startbahn sollte das Unternehmen entweder Gewinne erwirtschaften oder neues Geld (→) raisen.

Sales-Cycle: (Vertriebszyklus) Zeitraum, in dem ein Interessent durch den Vertrieb in einen zahlenden Kunden umgewandelt wird.

Scale-up: (→) Start-up, das die Schritte Prototyp, (→) Minimum Viable Product sowie (→) Proof of Concept erfolgreich absolviert hat und in die Phase der Skalierung eingetreten ist, um zu wachsen.

Secondaries: (Sekundärmarkt) Bereits vorhandene Beteiligungen, z. B. die der Founder, die in Teilen oder komplett an andere Investierende verkauft werden können, statt neue Anteile auszugeben. Üblicher Weg für Gründende, vor einem (→) Exit Liquidität für den Eigenbedarf aus dem Unternehmen zu ziehen.

Seed-Runde: Finanzierungsrunde, die in der frühen Phase eines (→) Start-ups stattfindet, um die Gründung oder erste Produktentwicklungen zu finanzieren.

Service-Level-Agreement: Vereinbarung zwischen einem Anbieter und seinem Kunden, der die Aspekte Qualität, Verfügbarkeit und Verantwortlichkeiten bei der Erbringung der Dienstleistung regelt.

Series-A: Erste größere Finanzierungsrunde eines (→) Start-ups, bei der anders als zuvor auch institutionelle Investierende wie (→) VCs beteiligt sind.

Serial-Founder: Gründende, die zwei oder mehr (→) Start-ups hintereinander gegründet haben.

SLA: (→ Service-Level-Agreement)

Solo-Founder: (Einzelgründer) Ein Gründer, der sein (→) Start-up allein, ohne (→) Co-Founder gründet.

Stakeholder: Im Fall von (→) Start-ups eine oder mehrere Personen oder Firmen, die ein berechtigtes Interesse an der Unternehmensentwicklung haben, beispielsweise Investierende und Mitarbeitende.

Start-up: Junges Unternehmen, das üblicherweise durch Risikokapital fremdfinanziert und auf schnelles Wachstum ausgelegt ist. Dabei fordert es mit neuartigen Lösungen herkömmliche Geschäftsmodelle heraus und verändert diese im Erfolgsfall nachhaltig.

Survival-Rate: (Überlebensrate) Misst den Anteil der geförderten Unternehmen, die nach einer bestimmten Zeit seit Erhalt der Förderung oder Finanzierung noch operativ tätig sind.

TAM: (→ Total Addressable Market)

Total Addressable Market: (Insgesamt adressierbarer Markt) Begriff, der verwendet wird, um die maximale Umsatzmöglichkeiten für ein Produkt oder eine Dienstleistung zu beschreiben.

Unicorn: (Einhorn) Bezeichnung für (→) Start-ups mit einer Bewertung von über einer Milliarde Euro.

Unique Selling Point: (Alleinstellungsmerkmal) Die herausragenden Aspekte eines Produkts oder einer Dienstleistung, in denen es dem Wettbewerb überlegen ist.

Unit-Economics: Unkomplizierter Ansatz zur Bewertung der Rentabilität eines Unternehmens, indem die Kosten mit dem Umsatz jeder einzelnen Einheit oder jedes Kunden ins Verhältnis gesetzt werden.

USP: (→ Unique Selling Point)

VC: (→ Venture-Capital)

Venture-Capital: (Risikokapital) Firmen, deren Funds als Kapitalgeber für (→) Start-ups agieren. Der Begriff hat seinen Ursprung im Walfang, bei dem Walfangschiffe auf monatelange Reise – sogenannte Ventures – gingen.

Vesting: Prozess, bei dem die Aktien beziehungsweise Anteile von Gründenden oder Mitarbeitenden schrittweise und über einen bestimmten Zeitraum hinweg freigegeben werden.

Personenverzeichnis

Firmenverzeichnis

Danke

Weder die Founder's Story Live-Events noch der Podcasts, genauso wenig wie dieses Buch hätten ohne die Ideen, Unterstützung und Inspirationen folgender Personen das Licht der Welt erblickt:

Bettina Breitling
Christine Pervanidis
David Weiner
Diana Viola
Elisabeth Heueisen
Frank Sauer
Jan Seidemann
Jessica Sonnenberg
Judith Banse
Juliane Sowah
Kiki Marcondes
Marleen Elay
Niclas Vogt
Paul Gerlach
Sara Ekinci
Winona Fischer

Mein besonderer Dank gilt allen Gründenden, die ihre Founder's Story mit mir geteilt haben und Verena Pausder für ihr Grußwort.

Bibliografische Information der Deutschen Nationalbibliothek

Die Deutsche Nationalbibliothek verzeichnet diese Publikation in der Deutschen Nationalbibliografie; detaillierte bibliografische Daten sind im Internet über http://dnb.dnb.de/ abrufbar.

Print:	ISBN 978-3-68951-030-5	Bestell-Nr. 12094-0002
Epub:	ISBN 978-3-68951-031-2	Bestell-Nr. 12094-0101
ePDF:	ISBN 978-3-68951-032-9	Bestell-Nr. 12094-0151

Axel Täubert (Hg.)
Founders' Stories
1. Auflage, August 2024

© 2024 Haufe-Lexware GmbH & Co. KG, Freiburg
www.haufe.de
info@haufe.de

Bildnachweis: Nicolai Schork und Alexander Giesecke: © simpleclub, Lubomila Jordanova: © Nadine Stenzel, Mischa Rürup: © usercentrics, Mina Saidze: © Dagmara Musial, Daniel Krauss: © PR Flixbus, Vanessa Cann: ©Vanessa Cann, Thomas Bachem: © James Brooks, Anastasia Barner: © Eric Köckeritz, Jan Sievert Weiss: © AMBOSS, Jannik Schall: © 1KOMMA5°, Verena Pausder: © Patrycia Lukas (S. 6 und Umschlagklappe vorne), Axel Täubert: © Ole Ruröde (S. 10 und Umschlagklappe hinten)

Produktmanagement: Elisabeth Heueisen
Lektorat: Juliane Sowah